The most enigmatic irrational number in the world, the number pi. Many of us have heard it at school, university or simply on the Internet. However, very few people know its history, origin, uses and some curiosities that happened with this number throughout the centuries.

The number pi, also known as 'π', in mathematics is an irrational number. This means that it is neither exact nor periodic, since it has an infinite number of decimal places. Pi demonstrates the ratio of the length of a circle to its diameter.

The current name of the number is the same as the Greek letter 'π', initial of the words 'periphery' and 'perimeter', and was initially used by William Oughtred (1574-1660), although it was popularized by Leonhard Euler (1707-1783), both European mathematicians. Previously, the number pi had been known as 'Ludolph's constant' or as 'Archimedes' constant', since the latter was the first to find its value.

Origin of the number pi: It was in the third century BC, when the Greek physicist Archimedes managed to determine the value of pi, using polygons to refine the calculation. His approximation had an error of only 0.024% and 0.040% over the real value.

Claudius Ptolemy (in the 2nd century) improved Archimedes' approximation, and established the value of 3.14166 for pi, using a 120-sided polygon. At the end of the 5th century, the Chinese mathematician and astronomer Zu Chongzhi went a step further, attributing a value of 3.1415927, a result that was not improved until the 15th century.

The number pi is used in mathematics, especially for geometry and trigonometry. This is due to the calculation one can make with this number of the radius of any circle if its circumference is known or vice versa. It is also used as part of the Gauss Integral and other formulas in calculus, probability, mathematical analysis and geometry.

On the other hand, in physics it is also used in some equations that describe the fundamental principles of the Universe.

This is due to the close relationship with the spherical coordinate system and the nature of the circle itself.

Pi Day: Because the first numbers of pi are 3.14, the United States in 1988 established that March 14 of each year would be celebrated as World Pi Day as a tribute to this enigmatic irrational value that has been studied for thousands of years.

World record: Incredible as it may seem, there is a world record for how many digits of the number pi a person can recite from memory. Currently, the record is held by Suresh Kumar Sharma from India, who managed to mention 70'030 digits of pi without making a mistake.

Pi song: Michael Blake, a musician who has his own YouTube channel, uploaded a video interpreting the number pi as a song. What he did, was to choose the musical scale and assign each note a number, so that "C" was 1, "D" would be 2, etc. After that, he combined it with a tempo of 157 bpm (half of 314) and the result was impressive.

Value of the number pi: As we have mentioned before, the decimals of pi are infinite, so here we share the first 100000 decimals of the number pi.

The first 100000 digits of Pi contains:

0: 9999 times
1: 10138 times
2: 9908 times
3: 10026 times
4: 9970 times
5: 10027 times
6: 10027 times
7: 10025 times
8: 9978 times
9: 9902 times

$$\Pi = 3.141592653589793$$

2384626433832795028841 9
7169399375105820974944 5
9230781640628620899862 8
0348253421170679821480 8
6513282306647093844609 5
5058223172535940812848 1
1174502841027019385211 0
5559644622948954930381 9
6442881097566593344612 8
4756482337867831652712 0
1909145648566923460348 6
1045432664821339360726 0
2491412737245870066063 1
5588174881520920962829 2
5409171536436789259036 0
0113305305488204665213 8
4146951941511609433057 2
7036575959195309218611 7
3819326117931051185480 7
4462379962749567351885 7

5 2 7 2 4 8 9 1 2 2 7 9 3 8 1 8 3 0 1 1 9 4 9

1 2 9 8 3 3 6 7 3 3 6 2 4 4 0 6 5 6 6 4 3 0 8

6 0 2 1 3 9 4 9 4 6 3 9 5 2 2 4 7 3 7 1 9 0 7

0 2 1 7 9 8 6 0 9 4 3 7 0 2 7 7 0 5 3 9 2 1 7

1 7 6 2 9 3 1 7 6 7 5 2 3 8 4 6 7 4 8 1 8 4 6

7 6 6 9 4 0 5 1 3 2 0 0 0 5 6 8 1 2 7 1 4 5 2

6 3 5 6 0 8 2 7 7 8 5 7 7 1 3 4 2 7 5 7 7 8 9

6 0 9 1 7 3 6 3 7 1 7 8 7 2 1 4 6 8 4 4 0 9 0

1 2 2 4 9 5 3 4 3 0 1 4 6 5 4 9 5 8 5 3 7 1 0

5 0 7 9 2 2 7 9 6 8 9 2 5 8 9 2 3 5 4 2 0 1 9

9 5 6 1 1 2 1 2 9 0 2 1 9 6 0 8 6 4 0 3 4 4 1

8 1 5 9 8 1 3 6 2 9 7 7 4 7 7 1 3 0 9 9 6 0 5

1 8 7 0 7 2 1 1 3 4 9 9 9 9 9 9 8 3 7 2 9 7 8

0 4 9 9 5 1 0 5 9 7 3 1 7 3 2 8 1 6 0 9 6 3 1

8 5 9 5 0 2 4 4 5 9 4 5 5 3 4 6 9 0 8 3 0 2 6

4 2 5 2 2 3 0 8 2 5 3 3 4 4 6 8 5 0 3 5 2 6 1

9 3 1 1 8 8 1 7 1 0 1 0 0 0 3 1 3 7 8 3 8 7 5

2 8 8 6 5 8 7 5 3 3 2 0 8 3 8 1 4 2 0 6 1 7 1

7 7 6 6 9 1 4 7 3 0 3 5 9 8 2 5 3 4 9 0 4 2 8

7 5 5 4 6 8 7 3 1 1 5 9 5 6 2 8 6 3 8 8 2 3 5

3 7 8 7 5 9 3 7 5 1 9 5 7 7 8 1 8 5 7 7 8 0 5

3 2 1 7 1 2 2 6 8 0 6 6 1 3 0 0 1 9 2 7 8 7 6
6 1 1 1 9 5 9 0 9 2 1 6 4 2 0 1 9 8 9 3 8 0 9
5 2 5 7 2 0 1 0 6 5 4 8 5 8 6 3 2 7 8 8 6 5 9
3 6 1 5 3 3 8 1 8 2 7 9 6 8 2 3 0 3 0 1 9 5 2
0 3 5 3 0 1 8 5 2 9 6 8 9 9 5 7 7 3 6 2 2 5 9
9 4 1 3 8 9 1 2 4 9 7 2 1 7 7 5 2 8 3 4 7 9 1
3 1 5 1 5 5 7 4 8 5 7 2 4 2 4 5 4 1 5 0 6 9 5
9 5 0 8 2 9 5 3 3 1 1 6 8 6 1 7 2 7 8 5 5 8 8
9 0 7 5 0 9 8 3 8 1 7 5 4 6 3 7 4 6 4 9 3 9 3
1 9 2 5 5 0 6 0 4 0 0 9 2 7 7 0 1 6 7 1 1 3 9
0 0 9 8 4 8 8 2 4 0 1 2 8 5 8 3 6 1 6 0 3 5 6
3 7 0 7 6 6 0 1 0 4 7 1 0 1 8 1 9 4 2 9 5 5 5
9 6 1 9 8 9 4 6 7 6 7 8 3 7 4 4 9 4 4 8 2 5 5
3 7 9 7 7 4 7 2 6 8 4 7 1 0 4 0 4 7 5 3 4 6 4
6 2 0 8 0 4 6 6 8 4 2 5 9 0 6 9 4 9 1 2 9 3 3
1 3 6 7 7 0 2 8 9 8 9 1 5 2 1 0 4 7 5 2 1 6 2
0 5 6 9 6 6 0 2 4 0 5 8 0 3 8 1 5 0 1 9 3 5 1
1 2 5 3 3 8 2 4 3 0 0 3 5 5 8 7 6 4 0 2 4 7 4
9 6 4 7 3 2 6 3 9 1 4 1 9 9 2 7 2 6 0 4 2 6 9
9 2 2 7 9 6 7 8 2 3 5 4 7 8 1 6 3 6 0 0 9 3 4
1 7 2 1 6 4 1 2 1 9 9 2 4 5 8 6 3 1 5 0 3 0 2

8 6 1 8 2 9 7 4 5 5 5 7 0 6 7 4 9 8 3 8 5 0 5

4 9 4 5 8 8 5 8 6 9 2 6 9 9 5 6 9 0 9 2 7 2 1

0 7 9 7 5 0 9 3 0 2 9 5 5 3 2 1 1 6 5 3 4 4 9

8 7 2 0 2 7 5 5 9 6 0 2 3 6 4 8 0 6 6 5 4 9 9

1 1 9 8 8 1 8 3 4 7 9 7 7 5 3 5 6 6 3 6 9 8 0

7 4 2 6 5 4 2 5 2 7 8 6 2 5 5 1 8 1 8 4 1 7 5

7 4 6 7 2 8 9 0 9 7 7 7 7 2 7 9 3 8 0 0 0 8 1

6 4 7 0 6 0 0 1 6 1 4 5 2 4 9 1 9 2 1 7 3 2 1

7 2 1 4 7 7 2 3 5 0 1 4 1 4 4 1 9 7 3 5 6 8 5

4 8 1 6 1 3 6 1 1 5 7 3 5 2 5 5 2 1 3 3 4 7 5

7 4 1 8 4 9 4 6 8 4 3 8 5 2 3 3 2 3 9 0 7 3 9

4 1 4 3 3 3 4 5 4 7 7 6 2 4 1 6 8 6 2 5 1 8 9

8 3 5 6 9 4 8 5 5 6 2 0 9 9 2 1 9 2 2 2 1 8 4

2 7 2 5 5 0 2 5 4 2 5 6 8 8 7 6 7 1 7 9 0 4 9

4 6 0 1 6 5 3 4 6 6 8 0 4 9 8 8 6 2 7 2 3 2 7

9 1 7 8 6 0 8 5 7 8 4 3 8 3 8 2 7 9 6 7 9 7 6

6 8 1 4 5 4 1 0 0 9 5 3 8 8 3 7 8 6 3 6 0 9 5

0 6 8 0 0 6 4 2 2 5 1 2 5 2 0 5 1 1 7 3 9 2 9

8 4 8 9 6 0 8 4 1 2 8 4 8 8 6 2 6 9 4 5 6 0 4

2 4 1 9 6 5 2 8 5 0 2 2 2 1 0 6 6 1 1 8 6 3 0

6 7 4 4 2 7 8 6 2 2 0 3 9 1 9 4 9 4 5 0 4 7 1

2 3 7 1 3 7 8 6 9 6 0 9 5 6 3 6 4 3 7 1 9 1 7

2 8 7 4 6 7 7 6 4 6 5 7 5 7 3 9 6 2 4 1 3 8 9

0 8 6 5 8 3 2 6 4 5 9 9 5 8 1 3 3 9 0 4 7 8 0

2 7 5 9 0 0 9 9 4 6 5 7 6 4 0 7 8 9 5 1 2 6 9

4 6 8 3 9 8 3 5 2 5 9 5 7 0 9 8 2 5 8 2 2 6 2

0 5 2 2 4 8 9 4 0 7 7 2 6 7 1 9 4 7 8 2 6 8 4

8 2 6 0 1 4 7 6 9 9 0 9 0 2 6 4 0 1 3 6 3 9 4

4 3 7 4 5 5 3 0 5 0 6 8 2 0 3 4 9 6 2 5 2 4 5

1 7 4 9 3 9 9 6 5 1 4 3 1 4 2 9 8 0 9 1 9 0 6

5 9 2 5 0 9 3 7 2 2 1 6 9 6 4 6 1 5 1 5 7 0 9

8 5 8 3 8 7 4 1 0 5 9 7 8 8 5 9 5 9 7 7 2 9 7

5 4 9 8 9 3 0 1 6 1 7 5 3 9 2 8 4 6 8 1 3 8 2

6 8 6 8 3 8 6 8 9 4 2 7 7 4 1 5 5 9 9 1 8 5 5

9 2 5 2 4 5 9 5 3 9 5 9 4 3 1 0 4 9 9 7 2 5 2

4 6 8 0 8 4 5 9 8 7 2 7 3 6 4 4 6 9 5 8 4 8 6

5 3 8 3 6 7 3 6 2 2 2 6 2 6 0 9 9 1 2 4 6 0 8

0 5 1 2 4 3 8 8 4 3 9 0 4 5 1 2 4 4 1 3 6 5 4

9 7 6 2 7 8 0 7 9 7 7 1 5 6 9 1 4 3 5 9 9 7 7

0 0 1 2 9 6 1 6 0 8 9 4 4 1 6 9 4 8 6 8 5 5 5

8 4 8 4 0 6 3 5 3 4 2 2 0 7 2 2 2 5 8 2 8 4 8

8 6 4 8 1 5 8 4 5 6 0 2 8 5 0 6 0 1 6 8 4 2 7

3 9 4 5 2 2 6 7 4 6 7 6 7 8 8 9 5 2 5 2 1 3 8

5 2 2 5 4 9 9 5 4 6 6 6 7 2 7 8 2 3 9 8 6 4 5

6 5 9 6 1 1 6 3 5 4 8 8 6 2 3 0 5 7 7 4 5 6 4

9 8 0 3 5 5 9 3 6 3 4 5 6 8 1 7 4 3 2 4 1 1 2

5 1 5 0 7 6 0 6 9 4 7 9 4 5 1 0 9 6 5 9 6 0 9

4 0 2 5 2 2 8 8 7 9 7 1 0 8 9 3 1 4 5 6 6 9 1

3 6 8 6 7 2 2 8 7 4 8 9 4 0 5 6 0 1 0 1 5 0 3

3 0 8 6 1 7 9 2 8 6 8 0 9 2 0 8 7 4 7 6 0 9 1

7 8 2 4 9 3 8 5 8 9 0 0 9 7 1 4 9 0 9 6 7 5 9

8 5 2 6 1 3 6 5 5 4 9 7 8 1 8 9 3 1 2 9 7 8 4

8 2 1 6 8 2 9 9 8 9 4 8 7 2 2 6 5 8 8 0 4 8 5

7 5 6 4 0 1 4 2 7 0 4 7 7 5 5 5 1 3 2 3 7 9 6

4 1 4 5 1 5 2 3 7 4 6 2 3 4 3 6 4 5 4 2 8 5 8

4 4 4 7 9 5 2 6 5 8 6 7 8 2 1 0 5 1 1 4 1 3 5

4 7 3 5 7 3 9 5 2 3 1 1 3 4 2 7 1 6 6 1 0 2 1

3 5 9 6 9 5 3 6 2 3 1 4 4 2 9 5 2 4 8 4 9 3 7

1 8 7 1 1 0 1 4 5 7 6 5 4 0 3 5 9 0 2 7 9 9 3

4 4 0 3 7 4 2 0 0 7 3 1 0 5 7 8 5 3 9 0 6 2 1

9 8 3 8 7 4 4 7 8 0 8 4 7 8 4 8 9 6 8 3 3 2 1

4 4 5 7 1 3 8 6 8 7 5 1 9 4 3 5 0 6 4 3 0 2 1

8 4 5 3 1 9 1 0 4 8 4 8 1 0 0 5 3 7 0 6 1 4 6

8 0 6 7 4 9 1 9 2 7 8 1 9 1 1 9 7 9 3 9 9 5 2

0 6 1 4 1 9 6 6 3 4 2 8 7 5 4 4 4 0 6 4 3 7 4

5 1 2 3 7 1 8 1 9 2 1 7 9 9 9 8 3 9 1 0 1 5 9

1 9 5 6 1 8 1 4 6 7 5 1 4 2 6 9 1 2 3 9 7 4 8

9 4 0 9 0 7 1 8 6 4 9 4 2 3 1 9 6 1 5 6 7 9 4

5 2 0 8 0 9 5 1 4 6 5 5 0 2 2 5 2 3 1 6 0 3 8

8 1 9 3 0 1 4 2 0 9 3 7 6 2 1 3 7 8 5 5 9 5 6

6 3 8 9 3 7 7 8 7 0 8 3 0 3 9 0 6 9 7 9 2 0 7

7 3 4 6 7 2 2 1 8 2 5 6 2 5 9 9 6 6 1 5 0 1 4

2 1 5 0 3 0 6 8 0 3 8 4 4 7 7 3 4 5 4 9 2 0 2

6 0 5 4 1 4 6 6 5 9 2 5 2 0 1 4 9 7 4 4 2 8 5

0 7 3 2 5 1 8 6 6 6 0 0 2 1 3 2 4 3 4 0 8 8 1

9 0 7 1 0 4 8 6 3 3 1 7 3 4 6 4 9 6 5 1 4 5 3

9 0 5 7 9 6 2 6 8 5 6 1 0 0 5 5 0 8 1 0 6 6 5

8 7 9 6 9 9 8 1 6 3 5 7 4 7 3 6 3 8 4 0 5 2 5

7 1 4 5 9 1 0 2 8 9 7 0 6 4 1 4 0 1 1 0 9 7 1

2 0 6 2 8 0 4 3 9 0 3 9 7 5 9 5 1 5 6 7 7 1 5

7 7 0 0 4 2 0 3 3 7 8 6 9 9 3 6 0 0 7 2 3 0 5

5 8 7 6 3 1 7 6 3 5 9 4 2 1 8 7 3 1 2 5 1 4 7

1 2 0 5 3 2 9 2 8 1 9 1 8 2 6 1 8 6 1 2 5 8 6

7 3 2 1 5 7 9 1 9 8 4 1 4 8 4 8 8 2 9 1 6 4 4

7 0 6 0 9 5 7 5 2 7 0 6 9 5 7 2 2 0 9 1 7 5 6

7 1 1 6 7 2 2 9 1 0 9 8 1 6 9 0 9 1 5 2 8 0 1

7 3 5 0 6 7 1 2 7 4 8 5 8 3 2 2 2 8 7 1 8 3 5

2 0 9 3 5 3 9 6 5 7 2 5 1 2 1 0 8 3 5 7 9 1 5

1 3 6 9 8 8 2 0 9 1 4 4 4 2 1 0 0 6 7 5 1 0 3

3 4 6 7 1 1 0 3 1 4 1 2 6 7 1 1 1 3 6 9 9 0 8

6 5 8 5 1 6 3 9 8 3 1 5 0 1 9 7 0 1 6 5 1 5 1

1 6 8 5 1 7 1 4 3 7 6 5 7 6 1 8 3 5 1 5 5 6 5

0 8 8 4 9 0 9 9 8 9 8 5 9 9 8 2 3 8 7 3 4 5 5

2 8 3 3 1 6 3 5 5 0 7 6 4 7 9 1 8 5 3 5 8 9 3

2 2 6 1 8 5 4 8 9 6 3 2 1 3 2 9 3 3 0 8 9 8 5

7 0 6 4 2 0 4 6 7 5 2 5 9 0 7 0 9 1 5 4 8 1 4

1 6 5 4 9 8 5 9 4 6 1 6 3 7 1 8 0 2 7 0 9 8 1

9 9 4 3 0 9 9 2 4 4 8 8 9 5 7 5 7 1 2 8 2 8 9

0 5 9 2 3 2 3 3 2 6 0 9 7 2 9 9 7 1 2 0 8 4 4

3 3 5 7 3 2 6 5 4 8 9 3 8 2 3 9 1 1 9 3 2 5 9

7 4 6 3 6 6 7 3 0 5 8 3 6 0 4 1 4 2 8 1 3 8 8

3 0 3 2 0 3 8 2 4 9 0 3 7 5 8 9 8 5 2 4 3 7 4

4 1 7 0 2 9 1 3 2 7 6 5 6 1 8 0 9 3 7 7 3 4 4

4 0 3 0 7 0 7 4 6 9 2 1 1 2 0 1 9 1 3 0 2 0 3

3 0 3 8 0 1 9 7 6 2 1 1 0 1 1 0 0 4 4 9 2 9 3

2 1 5 1 6 0 8 4 2 4 4 4 8 5 9 6 3 7 6 6 9 8 3

8 9 5 2 2 8 6 8 4 7 8 3 1 2 3 5 5 2 6 5 8 2 1

3 1 4 4 9 5 7 6 8 5 7 2 6 2 4 3 3 4 4 1 8 9 3

0 3 9 6 8 6 4 2 6 2 4 3 4 1 0 7 7 3 2 2 6 9 7

8 0 2 8 0 7 3 1 8 9 1 5 4 4 1 1 0 1 0 4 4 6 8

2 3 2 5 2 7 1 6 2 0 1 0 5 2 6 5 2 2 7 2 1 1 1

6 6 0 3 9 6 6 6 5 5 7 3 0 9 2 5 4 7 1 1 0 5 5

7 8 5 3 7 6 3 4 6 6 8 2 0 6 5 3 1 0 9 8 9 6 5

2 6 9 1 8 6 2 0 5 6 4 7 6 9 3 1 2 5 7 0 5 8 6

3 5 6 6 2 0 1 8 5 5 8 1 0 0 7 2 9 3 6 0 6 5 9

8 7 6 4 8 6 1 1 7 9 1 0 4 5 3 3 4 8 8 5 0 3 4

6 1 1 3 6 5 7 6 8 6 7 5 3 2 4 9 4 4 1 6 6 8 0

3 9 6 2 6 5 7 9 7 8 7 7 1 8 5 5 6 0 8 4 5 5 2

9 6 5 4 1 2 6 6 5 4 0 8 5 3 0 6 1 4 3 4 4 4 3

1 8 5 8 6 7 6 9 7 5 1 4 5 6 6 1 4 0 6 8 0 0 7

0 0 2 3 7 8 7 7 6 5 9 1 3 4 4 0 1 7 1 2 7 4 9

4 7 0 4 2 0 5 6 2 2 3 0 5 3 8 9 9 4 5 6 1 3 1

4 0 7 1 1 2 7 0 0 0 4 0 7 8 5 4 7 3 3 2 6 9 9

3 9 0 8 1 4 5 4 6 6 4 6 4 5 8 8 0 7 9 7 2 7 0

8 2 6 6 8 3 0 6 3 4 3 2 8 5 8 7 8 5 6 9 8 3 0

5 2 3 5 8 0 8 9 3 3 0 6 5 7 5 7 4 0 6 7 9 5 4

5 7 1 6 3 7 7 5 2 5 4 2 0 2 1 1 4 9 5 5 7 6 1

5 8 1 4 0 0 2 5 0 1 2 6 2 2 8 5 9 4 1 3 0 2 1

6 4 7 1 5 5 0 9 7 9 2 5 9 2 3 0 9 9 0 7 9 6 5

4 7 3 7 6 1 2 5 5 1 7 6 5 6 7 5 1 3 5 7 5 1 7

8 2 9 6 6 6 4 5 4 7 7 9 1 7 4 5 0 1 1 2 9 9 6

1 4 8 9 0 3 0 4 6 3 9 9 4 7 1 3 2 9 6 2 1 0 7

3 4 0 4 3 7 5 1 8 9 5 7 3 5 9 6 1 4 5 8 9 0 1

9 3 8 9 7 1 3 1 1 1 7 9 0 4 2 9 7 8 2 8 5 6 4

7 5 0 3 2 0 3 1 9 8 6 9 1 5 1 4 0 2 8 7 0 8 0

8 5 9 9 0 4 8 0 1 0 9 4 1 2 1 4 7 2 2 1 3 1 7

9 4 7 6 4 7 7 7 2 6 2 2 4 1 4 2 5 4 8 5 4 5 4

0 3 3 2 1 5 7 1 8 5 3 0 6 1 4 2 2 8 8 1 3 7 5

8 5 0 4 3 0 6 3 3 2 1 7 5 1 8 2 9 7 9 8 6 6 2

2 3 7 1 7 2 1 5 9 1 6 0 7 7 1 6 6 9 2 5 4 7 4

8 7 3 8 9 8 6 6 5 4 9 4 9 4 5 0 1 1 4 6 5 4 0

6 2 8 4 3 3 6 6 3 9 3 7 9 0 0 3 9 7 6 9 2 6 5

6 7 2 1 4 6 3 8 5 3 0 6 7 3 6 0 9 6 5 7 1 2 0

9 1 8 0 7 6 3 8 3 2 7 1 6 6 4 1 6 2 7 4 8 8 8

8 0 0 7 8 6 9 2 5 6 0 2 9 0 2 2 8 4 7 2 1 0 4

0 3 1 7 2 1 1 8 6 0 8 2 0 4 1 9 0 0 0 4 2 2 9

6 6 1 7 1 1 9 6 3 7 7 9 2 1 3 3 7 5 7 5 1 1 4

9 5 9 5 0 1 5 6 6 0 4 9 6 3 1 8 6 2 9 4 7 2 6

5 4 7 3 6 4 2 5 2 3 0 8 1 7 7 0 3 6 7 5 1 5 9

0 6 7 3 5 0 2 3 5 0 7 2 8 3 5 4 0 5 6 7 0 4 0

3 8 6 7 4 3 5 1 3 6 2 2 2 2 4 7 7 1 5 8 9 1 5

0 4 9 5 3 0 9 8 4 4 4 8 9 3 3 3 0 9 6 3 4 0 8

7 8 0 7 6 9 3 2 5 9 9 3 9 7 8 0 5 4 1 9 3 4 1

4 4 7 3 7 7 4 4 1 8 4 2 6 3 1 2 9 8 6 0 8 0 9

9 8 8 8 6 8 7 4 1 3 2 6 0 4 7 2 1 5 6 9 5 1 6

2 3 9 6 5 8 6 4 5 7 3 0 2 1 6 3 1 5 9 8 1 9 3

1 9 5 1 6 7 3 5 3 8 1 2 9 7 4 1 6 7 7 2 9 4 7

8 6 7 2 4 2 2 9 2 4 6 5 4 3 6 6 8 0 0 9 8 0 6

7 6 9 2 8 2 3 8 2 8 0 6 8 9 9 6 4 0 0 4 8 2 4

3 5 4 0 3 7 0 1 4 1 6 3 1 4 9 6 5 8 9 7 9 4 0

9 2 4 3 2 3 7 8 9 6 9 0 7 0 6 9 7 7 9 4 2 2 3

6 2 5 0 8 2 2 1 6 8 8 9 5 7 3 8 3 7 9 8 6 2 3

0 0 1 5 9 3 7 7 6 4 7 1 6 5 1 2 2 8 9 3 5 7 8

6 0 1 5 8 8 1 6 1 7 5 5 7 8 2 9 7 3 5 2 3 3 4

4 6 0 4 2 8 1 5 1 2 6 2 7 2 0 3 7 3 4 3 1 4 6

5 3 1 9 7 7 7 4 1 6 0 3 1 9 9 0 6 6 5 5 4 1

8 7 6 3 9 7 9 2 9 3 3 4 4 1 9 5 2 1 5 4 1 3 4

1 8 9 9 4 8 5 4 4 4 7 3 4 5 6 7 3 8 3 1 6 2 4

9 9 3 4 1 9 1 3 1 8 1 4 8 0 9 2 7 7 7 7 1 0 3

8 6 3 8 7 7 3 4 3 1 7 7 2 0 7 5 4 5 6 5 4 5 3

2 2 0 7 7 7 0 9 2 1 2 0 1 9 0 5 1 6 6 0 9 6 2

8 0 4 9 0 9 2 6 3 6 0 1 9 7 5 9 8 8 2 8 1 6 1

3 3 2 3 1 6 6 6 3 6 5 2 8 6 1 9 3 2 6 6 8 6 3

3 6 0 6 2 7 3 5 6 7 6 3 0 3 5 4 4 7 7 6 2 8 0

3 5 0 4 5 0 7 7 7 2 3 5 5 4 7 1 0 5 8 5 9 5 4

8 7 0 2 7 9 0 8 1 4 3 5 6 2 4 0 1 4 5 1 7 1 8

0 6 2 4 6 4 3 6 2 6 7 9 4 5 6 1 2 7 5 3 1 8 1

3 4 0 7 8 3 3 0 3 3 6 2 5 4 2 3 2 7 8 3 9 4 4

9 7 5 3 8 2 4 3 7 2 0 5 8 3 5 3 1 1 4 7 7 1 1

9 9 2 6 0 6 3 8 1 3 3 4 6 7 7 6 8 7 9 6 9 5 9

7 0 3 0 9 8 3 3 9 1 3 0 7 7 1 0 9 8 7 0 4 0 8

5 9 1 3 3 7 4 6 4 1 4 4 2 8 2 2 7 7 2 6 3 4 6

5 9 4 7 0 4 7 4 5 8 7 8 4 7 7 8 7 2 0 1 9 2 7

7 1 5 2 8 0 7 3 1 7 6 7 9 0 7 7 0 7 1 5 7 2 1

3 4 4 4 7 3 0 6 0 5 7 0 0 7 3 3 4 9 2 4 3 6 9

3 1 1 3 8 3 5 0 4 9 3 1 6 3 1 2 8 4 0 4 2 5 1

2 1 9 2 5 6 5 1 7 9 8 0 6 9 4 1 1 3 5 2 8 0 1

3 1 4 7 0 1 3 0 4 7 8 1 6 4 3 7 8 8 5 1 8 5 2

9 0 9 2 8 5 4 5 2 0 1 1 6 5 8 3 9 3 4 1 9 6 5

6 2 1 3 4 9 1 4 3 4 1 5 9 5 6 2 5 8 6 5 8 6 5

5 7 0 5 5 2 6 9 0 4 9 6 5 2 0 9 8 5 8 0 3 3 8

5 0 7 2 2 4 2 6 4 8 2 9 3 9 7 2 8 5 8 4 7 8 3

1 6 3 0 5 7 7 7 5 6 0 6 8 8 8 7 6 4 4 6 2 4

8 2 4 6 8 5 7 9 2 6 0 3 9 5 3 5 2 7 7 3 4 8 0

3 0 4 8 0 2 9 0 0 5 8 7 6 0 7 5 8 2 5 1 0 4 7

4 7 0 9 1 6 4 3 9 6 1 3 6 2 6 7 6 0 4 4 9 2 5

6 2 7 4 2 0 4 2 0 8 3 2 0 8 5 6 6 1 1 9 0 6 2

5 4 5 4 3 3 7 2 1 3 1 5 3 5 9 5 8 4 5 0 6 8 7

7 2 4 6 0 2 9 0 1 6 1 8 7 6 6 7 9 5 2 4 0 6 1

6 3 4 2 5 2 2 5 7 7 1 9 5 4 2 9 1 6 2 9 9 1 9

3 0 6 4 5 5 3 7 7 9 9 1 4 0 3 7 3 4 0 4 3 2 8

7 5 2 6 2 8 8 8 9 6 3 9 9 5 8 7 9 4 7 5 7 2 9

1 7 4 6 4 2 6 3 5 7 4 5 5 2 5 4 0 7 9 0 9 1 4

5 1 3 5 7 1 1 1 3 6 9 4 1 0 9 1 1 9 3 9 3 2 5

1 9 1 0 7 6 0 2 0 8 2 5 2 0 2 6 1 8 7 9 8 5 3

1 8 8 7 7 0 5 8 4 2 9 7 2 5 9 1 6 7 7 8 1 3 1

4 9 6 9 9 0 0 9 0 1 9 2 1 1 6 9 7 1 7 3 7 2 7

8 4 7 6 8 4 7 2 6 8 6 0 8 4 9 0 0 3 3 7 7 0 2

4 2 4 2 9 1 6 5 1 3 0 0 5 0 0 5 1 6 8 3 2 3 3

6 4 3 5 0 3 8 9 5 1 7 0 2 9 8 9 3 9 2 2 3 3 4

5 1 7 2 2 0 1 3 8 1 2 8 0 6 9 6 5 0 1 1 7 8 4

4 0 8 7 4 5 1 9 6 0 1 2 1 2 2 8 5 9 9 3 7 1 6

2 3 1 3 0 1 7 1 1 4 4 4 8 4 6 4 0 9 0 3 8 9 0

6 4 4 9 5 4 4 0 0 6 1 9 8 6 9 0 7 5 4 8 5 1

6 0 2 6 3 2 7 5 0 5 2 9 8 3 4 9 1 8 7 4 0 7 8

6 6 8 0 8 8 1 8 3 3 8 5 1 0 2 2 8 3 3 4 5 0 8

5 0 4 8 6 0 8 2 5 0 3 9 3 0 2 1 3 3 2 1 9 7 1

5 5 1 8 4 3 0 6 3 5 4 5 5 0 0 7 6 6 8 2 8 2 9

4 9 3 0 4 1 3 7 7 6 5 5 2 7 9 3 9 7 5 1 7 5 4

6 1 3 9 5 3 9 8 4 6 8 3 3 9 3 6 3 8 3 0 4 7 4

6 1 1 9 9 6 6 5 3 8 5 8 1 5 3 8 4 2 0 5 6 8 5

3 3 8 6 2 1 8 6 7 2 5 2 3 3 4 0 2 8 3 0 8 7 1

1 2 3 2 8 2 7 8 9 2 1 2 5 0 7 7 1 2 6 2 9 4 6

3 2 2 9 5 6 3 9 8 9 8 9 8 9 3 5 8 2 1 1 6 7 4

5 6 2 7 0 1 0 2 1 8 3 5 6 4 6 2 2 0 1 3 4 9 6

7 1 5 1 8 8 1 9 0 9 7 3 0 3 8 1 1 9 8 0 0 4 9

7 3 4 0 7 2 3 9 6 1 0 3 6 8 5 4 0 6 6 4 3 1 9

3 9 5 0 9 7 9 0 1 9 0 6 9 9 6 3 9 5 5 2 4 5 3

0 0 5 4 5 0 5 8 0 6 8 5 5 0 1 9 5 6 7 3 0 2 2

9 2 1 9 1 3 9 3 3 9 1 8 5 6 8 0 3 4 4 9 0 3 9

8 2 0 5 9 5 5 1 0 0 2 2 6 3 5 3 5 3 6 1 9 2 0

4 1 9 9 4 7 4 5 5 3 8 5 9 3 8 1 0 2 3 4 3 9 5
5 4 4 9 5 9 7 7 8 3 7 7 9 0 2 3 7 4 2 1 6 1 7
2 7 1 1 1 7 2 3 6 4 3 4 3 5 4 3 9 4 7 8 2 2 1
8 1 8 5 2 8 6 2 4 0 8 5 1 4 0 0 6 6 0 4 4 3
3 2 5 8 8 8 5 6 9 8 6 7 0 5 4 3 1 5 4 7 0 6 9
6 5 7 4 7 4 5 8 5 5 0 3 3 2 3 2 3 3 4 2 1 0 7
3 0 1 5 4 5 9 4 0 5 1 6 5 5 3 7 9 0 6 8 6 6 2
7 3 3 3 7 9 9 5 8 5 1 1 5 6 2 5 7 8 4 3 2 2 9
8 8 2 7 3 7 2 3 1 9 8 9 8 7 5 7 1 4 1 5 9 5 7
8 1 1 1 9 6 3 5 8 3 3 0 0 5 9 4 0 8 7 3 0 6 8
1 2 1 6 0 2 8 7 6 4 9 6 2 8 6 7 4 4 6 0 4 7 7
4 6 4 9 1 5 9 9 5 0 5 4 9 7 3 7 4 2 5 6 2 6 9
0 1 0 4 9 0 3 7 7 8 1 9 8 6 8 3 5 9 3 8 1 4 6
5 7 4 1 2 6 8 0 4 9 2 5 6 4 8 7 9 8 5 5 6 1 4
5 3 7 2 3 4 7 8 6 7 3 3 0 3 9 0 4 6 8 8 3 8 3
4 3 6 3 4 6 5 5 3 7 9 4 9 8 6 4 1 9 2 7 0 5 6
3 8 7 2 9 3 1 7 4 8 7 2 3 3 2 0 8 3 7 6 0 1 1
2 3 0 2 9 9 1 1 3 6 7 9 3 8 6 2 7 0 8 9 4 3 8
7 9 9 3 6 2 0 1 6 2 9 5 1 5 4 1 3 3 7 1 4 2 4
8 9 2 8 3 0 7 2 2 0 1 2 6 9 0 1 4 7 5 4 6 6 8
4 7 6 5 3 5 7 6 1 6 4 7 7 3 7 9 4 6 7 5 2 0 0

4 9 0 7 5 7 1 5 5 5 2 7 8 1 9 6 5 3 6 2 1 3 2
3 9 2 6 4 0 6 1 6 0 1 3 6 3 5 8 1 5 5 9 0 7 4
2 2 0 2 0 2 0 3 1 8 7 2 7 7 6 0 5 2 7 7 2 1 9
0 0 5 5 6 1 4 8 4 2 5 5 5 1 8 7 9 2 5 3 0 3 4
3 5 1 3 9 8 4 4 2 5 3 2 2 3 4 1 5 7 6 2 3 3 6
1 0 6 4 2 5 0 6 3 9 0 4 9 7 5 0 0 8 6 5 6 2 7
1 0 9 5 3 5 9 1 9 4 6 5 8 9 7 5 1 4 1 3 1 0 3
4 8 2 2 7 6 9 3 0 6 2 4 7 4 3 5 3 6 3 2 5 6 9
1 6 0 7 8 1 5 4 7 8 1 8 1 1 5 2 8 4 3 6 6 7 9
5 7 0 6 1 1 0 8 6 1 5 3 3 1 5 0 4 4 5 2 1 2 7
4 7 3 9 2 4 5 4 4 9 4 5 4 2 3 6 8 2 8 8 6 0 6
1 3 4 0 8 4 1 4 8 6 3 7 7 6 7 0 0 9 6 1 2 0 7
1 5 1 2 4 9 1 4 0 4 3 0 2 7 2 5 3 8 6 0 7 6 4
8 2 3 6 3 4 1 4 3 3 4 6 2 3 5 1 8 9 7 5 7 6 6
4 5 2 1 6 4 1 3 7 6 7 9 6 9 0 3 1 4 9 5 0 1 9
1 0 8 5 7 5 9 8 4 4 2 3 9 1 9 8 6 2 9 1 6 4 2
1 9 3 9 9 4 9 0 7 2 3 6 2 3 4 6 4 6 8 4 4 1 1
7 3 9 4 0 3 2 6 5 9 1 8 4 0 4 4 3 7 8 0 5 1 3
3 3 8 9 4 5 2 5 7 4 2 3 9 9 5 0 8 2 9 6 5 9 1
2 2 8 5 0 8 5 5 5 8 2 1 5 7 2 5 0 3 1 0 7 1 2
5 7 0 1 2 6 6 8 3 0 2 4 0 2 9 2 9 5 2 5 2 2 0

1 1 8 7 2 6 7 6 7 5 6 2 2 0 4 1 5 4 2 0 5 1 6

1 8 4 1 6 3 4 8 4 7 5 6 5 1 6 9 9 9 8 1 1 6 1

4 1 0 1 0 0 2 9 9 6 0 7 8 3 8 6 9 0 9 2 9 1 6

0 3 0 2 8 8 4 0 0 2 6 9 1 0 4 1 4 0 7 9 2 8 8

6 2 1 5 0 7 8 4 2 4 5 1 6 7 0 9 0 8 7 0 0 0 6

9 9 2 8 2 1 2 0 6 6 0 4 1 8 3 7 1 8 0 6 5 3 5

5 6 7 2 5 2 5 3 2 5 6 7 5 3 2 8 6 1 2 9 1 0 4

2 4 8 7 7 6 1 8 2 5 8 2 9 7 6 5 1 5 7 9 5 9 8

4 7 0 3 5 6 2 2 2 6 2 9 3 4 8 6 0 0 3 4 1 5 8

7 2 2 9 8 0 5 3 4 9 8 9 6 5 0 2 2 6 2 9 1 7 4

8 7 8 8 2 0 2 7 3 4 2 0 9 2 2 2 2 4 5 3 3 9 8

5 6 2 6 4 7 6 6 9 1 4 9 0 5 5 6 2 8 4 2 5 0 3

9 1 2 7 5 7 7 1 0 2 8 4 0 2 7 9 9 8 0 6 6 3 6

5 8 2 5 4 8 8 9 2 6 4 8 8 0 2 5 4 5 6 6 1 0 1

7 2 9 6 7 0 2 6 6 4 0 7 6 5 5 9 0 4 2 9 0 9 9

4 5 6 8 1 5 0 6 5 2 6 5 3 0 5 3 7 1 8 2 9 4 1

2 7 0 3 3 6 9 3 1 3 7 8 5 1 7 8 6 0 9 0 4 0 7

0 8 6 6 7 1 1 4 9 6 5 5 8 3 4 3 4 3 4 7 6 9 3

3 8 5 7 8 1 7 1 1 3 8 6 4 5 5 8 7 3 6 7 8 1 2

3 0 1 4 5 8 7 6 8 7 1 2 6 6 0 3 4 8 9 1 3 9 0

9 5 6 2 0 0 9 9 3 9 3 6 1 0 3 1 0 2 9 1 6 1 6

1 5 2 8 8 1 3 8 4 3 7 9 0 9 9 0 4 2 3 1 7 4 7

3 3 6 3 9 4 8 0 4 5 7 5 9 3 1 4 9 3 1 4 0 5 2

9 7 6 3 4 7 5 7 4 8 1 1 9 3 5 6 7 0 9 1 1 0 1

3 7 7 5 1 7 2 1 0 0 8 0 3 1 5 5 9 0 2 4 8 5 3

0 9 0 6 6 9 2 0 3 7 6 7 1 9 2 2 0 3 3 2 2 9 0

9 4 3 3 4 6 7 6 8 5 1 4 2 2 1 4 4 7 7 3 7 9 3

9 3 7 5 1 7 0 3 4 4 3 6 6 1 9 9 1 0 4 0 3 3 7

5 1 1 1 7 3 5 4 7 1 9 1 8 5 5 0 4 6 4 4 9 0 2

6 3 6 5 5 1 2 8 1 6 2 2 8 8 2 4 4 6 2 5 7 5 9

1 6 3 3 3 0 3 9 1 0 7 2 2 5 3 8 3 7 4 2 1 8 2

1 4 0 8 8 3 5 0 8 6 5 7 3 9 1 7 7 1 5 0 9 6 8

2 8 8 7 4 7 8 2 6 5 6 9 9 5 9 9 5 7 4 4 9 0 6

6 1 7 5 8 3 4 4 1 3 7 5 2 2 3 9 7 0 9 6 8 3 4

0 8 0 0 5 3 5 5 9 8 4 9 1 7 5 4 1 7 3 8 1 8 8

3 9 9 9 4 4 6 9 7 4 8 6 7 6 2 6 5 5 1 6 5 8 2

7 6 5 8 4 8 3 5 8 8 4 5 3 1 4 2 7 7 5 6 8 7 9

0 0 2 9 0 9 5 1 7 0 2 8 3 5 2 9 7 1 6 3 4 4 5

6 2 1 2 9 6 4 0 4 3 5 2 3 1 1 7 6 0 0 6 6 5 1

0 1 2 4 1 2 0 0 6 5 9 7 5 5 8 5 1 2 7 6 1 7 8

5 8 3 8 2 9 2 0 4 1 9 7 4 8 4 4 2 3 6 0 8 0 0

7 1 9 3 0 4 5 7 6 1 8 9 3 2 3 4 9 2 2 9 2 7 9

6 5 0 1 9 8 7 5 1 8 7 2 1 2 7 2 6 7 5 0 7 9 8

1 2 5 5 4 7 0 9 5 8 9 0 4 5 5 6 3 5 7 9 2 1 2

2 1 0 3 3 3 4 6 6 9 7 4 9 9 2 3 5 6 3 0 2 5 4

9 4 7 8 0 2 4 9 0 1 1 4 1 9 5 2 1 2 3 8 2 8 1

5 3 0 9 1 1 4 0 7 9 0 7 3 8 6 0 2 5 1 5 2 2 7

4 2 9 9 5 8 1 8 0 7 2 4 7 1 6 2 5 9 1 6 6 8 5

4 5 1 3 3 3 1 2 3 9 4 8 0 4 9 4 7 0 7 9 1 1 9

1 5 3 2 6 7 3 4 3 0 2 8 2 4 4 1 8 6 0 4 1 4 2

6 3 6 3 9 5 4 8 0 0 0 4 4 8 0 0 2 6 7 0 4 9 6

2 4 8 2 0 1 7 9 2 8 9 6 4 7 6 6 9 7 5 8 3 1 8

3 2 7 1 3 1 4 2 5 1 7 0 2 9 6 9 2 3 4 8 8 9 6

2 7 6 6 8 4 4 0 3 2 3 2 6 0 9 2 7 5 2 4 9 6 0

3 5 7 9 9 6 4 6 9 2 5 6 5 0 4 9 3 6 8 1 8 3 6

0 9 0 0 3 2 3 8 0 9 2 9 3 4 5 9 5 8 8 9 7 0 6

9 5 3 6 5 3 4 9 4 0 6 0 3 4 0 2 1 6 6 5 4 4 3

7 5 5 8 9 0 0 4 5 6 3 2 8 8 2 2 5 0 5 4 5 2 5

5 6 4 0 5 6 4 4 8 2 4 6 5 1 5 1 8 7 5 4 7 1 1

9 6 2 1 8 4 4 3 9 6 5 8 2 5 3 3 7 5 4 3 8 8 5

6 9 0 9 4 1 1 3 0 3 1 5 0 9 5 2 6 1 7 9 3 7 8

0 0 2 9 7 4 1 2 0 7 6 6 5 1 4 7 9 3 9 4 2 5 9

0 2 9 8 9 6 9 5 9 4 6 9 9 5 5 6 5 7 6 1 2 1 8

6 5 6 1 9 6 7 3 3 7 8 6 2 3 6 2 5 6 1 2 5 2 1
6 3 2 0 8 6 2 8 6 9 2 2 2 1 0 3 2 7 4 8 8 9 2
1 8 6 5 4 3 6 4 8 0 2 2 9 6 7 8 0 7 0 5 7 6 5
6 1 5 1 4 4 6 3 2 0 4 6 9 2 7 9 0 6 8 2 1 2 0
7 3 8 8 3 7 7 8 1 4 2 3 3 5 6 2 8 2 3 6 0 8 9
6 3 2 0 8 0 6 8 2 2 2 4 6 8 0 1 2 2 4 8 2 6 1
1 7 7 1 8 5 8 9 6 3 8 1 4 0 9 1 8 3 9 0 3 6 7
3 6 7 2 2 2 0 8 8 8 3 2 1 5 1 3 7 5 5 6 0 0 3
7 2 7 9 8 3 9 4 0 0 4 1 5 2 9 7 0 0 2 8 7 8 3
0 7 6 6 7 0 9 4 4 4 7 4 5 6 0 1 3 4 5 5 6 4 1
7 2 5 4 3 7 0 9 0 6 9 7 9 3 9 6 1 2 2 5 7 1 4
2 9 8 9 4 6 7 1 5 4 3 5 7 8 4 6 8 7 8 8 6 1 4
4 4 5 8 1 2 3 1 4 5 9 3 5 7 1 9 8 4 9 2 2 5 2
8 4 7 1 6 0 5 0 4 9 2 2 1 2 4 2 4 7 0 1 4 1 2
1 4 7 8 0 5 7 3 4 5 5 1 0 5 0 0 8 0 1 9 0 8 6
9 9 6 0 3 3 0 2 7 6 3 4 7 8 7 0 8 1 0 8 1 7 5
4 5 0 1 1 9 3 0 7 1 4 1 2 2 3 3 9 0 8 6 6 3 9
3 8 3 3 9 5 2 9 4 2 5 7 8 6 9 0 5 0 7 6 4 3 1
0 0 6 3 8 3 5 1 9 8 3 4 3 8 9 3 4 1 5 9 6 1 3
1 8 5 4 3 4 7 5 4 6 4 9 5 5 6 9 7 8 1 0 3 8 2
9 3 0 9 7 1 6 4 6 5 1 4 3 8 4 0 7 0 0 7 0 7 3

6 0 4 1 1 2 3 7 3 5 9 9 8 4 3 4 5 2 2 5 1 6 1

0 5 0 7 0 2 7 0 5 6 2 3 5 2 6 6 0 1 2 7 6 4 8

4 8 3 0 8 4 0 7 6 1 1 8 3 0 1 3 0 5 2 7 9 3 2

0 5 4 2 7 4 6 2 8 6 5 4 0 3 6 0 3 6 7 4 5 3 2

8 6 5 1 0 5 7 0 6 5 8 7 4 8 8 2 2 5 6 9 8 1 5

7 9 3 6 7 8 9 7 6 6 9 7 4 2 2 0 5 7 5 0 5 9 6

8 3 4 4 0 8 6 9 7 3 5 0 2 0 1 4 1 0 2 0 6 7 2

3 5 8 5 0 2 0 0 7 2 4 5 2 2 5 6 3 2 6 5 1 3 4

1 0 5 5 9 2 4 0 1 9 0 2 7 4 2 1 6 2 4 8 4 3 9

1 4 0 3 5 9 9 8 9 5 3 5 3 9 4 5 9 0 9 4 4 0 7

0 4 6 9 1 2 0 9 1 4 0 9 3 8 7 0 0 1 2 6 4 5 6

0 0 1 6 2 3 7 4 2 8 8 0 2 1 0 9 2 7 6 4 5 7 9

3 1 0 6 5 7 9 2 2 9 5 5 2 4 9 8 8 7 2 7 5 8 4

6 1 0 1 2 6 4 8 3 6 9 9 9 8 9 2 2 5 6 9 5 9 6

8 8 1 5 9 2 0 5 6 0 0 1 0 1 6 5 5 2 5 6 3 7 5

6 7 8 5 6 6 7 2 2 7 9 6 6 1 9 8 8 5 7 8 2 7 9

4 8 4 8 8 5 5 8 3 4 3 9 7 5 1 8 7 4 4 5 4 5 5

1 2 9 6 5 6 3 4 4 3 4 8 0 3 9 6 6 4 2 0 5 5 7

9 8 2 9 3 6 8 0 4 3 5 2 2 0 2 7 7 0 9 8 4 2 9

4 2 3 2 5 3 3 0 2 2 5 7 6 3 4 1 8 0 7 0 3 9 4

7 6 9 9 4 1 5 9 7 9 1 5 9 4 5 3 0 0 6 9 7 5 2

1 4 8 2 9 3 3 6 6 5 5 5 6 6 1 5 6 7 8 7 3 6 4

0 0 5 3 6 6 6 5 6 4 1 6 5 4 7 3 2 1 7 0 4 3 9

0 3 5 2 1 3 2 9 5 4 3 5 2 9 1 6 9 4 1 4 5 9 9

0 4 1 6 0 8 7 5 3 2 0 1 8 6 8 3 7 9 3 7 0 2 3

4 8 8 8 6 8 9 4 7 9 1 5 1 0 7 1 6 3 7 8 5 2 9

0 2 3 4 5 2 9 2 4 4 0 7 7 3 6 5 9 4 9 5 6 3 0

5 1 0 0 7 4 2 1 0 8 7 1 4 2 6 1 3 4 9 7 4 5 9

5 6 1 5 1 3 8 4 9 8 7 1 3 7 5 7 0 4 7 1 0 1 7

8 7 9 5 7 3 1 0 4 2 2 9 6 9 0 6 6 6 7 0 2 1 4

4 9 8 6 3 7 4 6 4 5 9 5 2 8 0 8 2 4 3 6 9 4 4

5 7 8 9 7 7 2 3 3 0 0 4 8 7 6 4 7 6 5 2 4 1 3

3 9 0 7 5 9 2 0 4 3 4 0 1 9 6 3 4 0 3 9 1 1 4

7 3 2 0 2 3 3 8 0 7 1 5 0 9 5 2 2 2 0 1 0 6 8

2 5 6 3 4 2 7 4 7 1 6 4 6 0 2 4 3 3 5 4 4 0 0

5 1 5 2 1 2 6 6 9 3 2 4 9 3 4 1 9 6 7 3 9 7 7

0 4 1 5 9 5 6 8 3 7 5 3 5 5 5 1 6 6 7 3 0 2 7

3 9 0 0 7 4 9 7 2 9 7 3 6 3 5 4 9 6 4 5 3 3 2

8 8 8 6 9 8 4 4 0 6 1 1 9 6 4 9 6 1 6 2 7 7 3

4 4 9 5 1 8 2 7 3 6 9 5 5 8 8 2 2 0 7 5 7 3 5

5 1 7 6 6 5 1 5 8 9 8 5 5 1 9 0 9 8 6 6 6 5 3

9 3 5 4 9 4 8 1 0 6 8 8 7 3 2 0 6 8 5 9 9 0 7

5 4 0 7 9 2 3 4 2 4 0 2 3 0 0 9 2 5 9 0 0 7 0

1 7 3 1 9 6 0 3 6 2 2 5 4 7 5 6 4 7 8 9 4 0 6

4 7 5 4 8 3 4 6 6 4 7 7 6 0 4 1 1 4 6 3 2 3 3

9 0 5 6 5 1 3 4 3 3 0 6 8 4 4 9 5 3 9 7 9 0 7

0 9 0 3 0 2 3 4 6 0 4 6 1 4 7 0 9 6 1 6 9 6 8

8 6 8 8 5 0 1 4 0 8 3 4 7 0 4 0 5 4 6 0 7 4 2

9 5 8 6 9 9 1 3 8 2 9 6 6 8 2 4 6 8 1 8 5 7 1

0 3 1 8 8 7 9 0 6 5 2 8 7 0 3 6 6 5 0 8 3 2 4

3 1 9 7 4 4 0 4 7 7 1 8 5 5 6 7 8 9 3 4 8 2 3

0 8 9 4 3 1 0 6 8 2 8 7 0 2 7 2 2 8 0 9 7 3 6

2 4 8 0 9 3 9 9 6 2 7 0 6 0 7 4 7 2 6 4 5 5 3

9 9 2 5 3 9 9 4 4 2 8 0 8 1 1 3 7 3 6 9 4 3 3

8 8 7 2 9 4 0 6 3 0 7 9 2 6 1 5 9 5 9 9 5 4 6

2 6 2 4 6 2 9 7 0 7 0 6 2 5 9 4 8 4 5 5 6 9 0

3 4 7 1 1 9 7 2 9 9 6 4 0 9 0 8 9 4 1 8 0 5 9

5 3 4 3 9 3 2 5 1 2 3 6 2 3 5 5 0 8 1 3 4 9 4

9 0 0 4 3 6 4 2 7 8 5 2 7 1 3 8 3 1 5 9 1 2 5

6 8 9 8 9 2 9 5 1 9 6 4 2 7 2 8 7 5 7 3 9 4 6

9 1 4 2 7 2 5 3 4 3 6 6 9 4 1 5 3 2 3 6 1 0 0

4 5 3 7 3 0 4 8 8 1 9 8 5 5 1 7 0 6 5 9 4 1 2

1 7 3 5 2 4 6 2 5 8 9 5 4 8 7 3 0 1 6 7 6 0 0

2 9 8 8 6 5 9 2 5 7 8 6 6 2 8 5 6 1 2 4 9 6 6

5 5 2 3 5 3 3 8 2 9 4 2 8 7 8 5 4 2 5 3 4 0 4

8 3 0 8 3 3 0 7 0 1 6 5 3 7 2 2 8 5 6 3 5 5 9

1 5 2 5 3 4 7 8 4 4 5 9 8 1 8 3 1 3 4 1 1 2 9

0 0 1 9 9 9 2 0 5 9 8 1 3 5 2 2 0 5 1 1 7 3 3

6 5 8 5 6 4 0 7 8 2 6 4 8 4 9 4 2 7 6 4 4 1 1

3 7 6 3 9 3 8 6 6 9 2 4 8 0 3 1 1 8 3 6 4 4 5

3 6 9 8 5 8 9 1 7 5 4 4 2 6 4 7 3 9 9 8 8 2 2

8 4 6 2 1 8 4 4 9 0 0 8 7 7 7 6 9 7 7 6 3 1 2

7 9 5 7 2 2 6 7 2 6 5 5 5 6 2 5 9 6 2 8 2 5 4

2 7 6 5 3 1 8 3 0 0 1 3 4 0 7 0 9 2 2 3 3 4 3

6 5 7 7 9 1 6 0 1 2 8 0 9 3 1 7 9 4 0 1 7 1 8

5 9 8 5 9 9 9 3 3 8 4 9 2 3 5 4 9 5 6 4 0 0 5

7 0 9 9 5 5 8 5 6 1 1 3 4 9 8 0 2 5 2 4 9 9 0

6 6 9 8 4 2 3 3 0 1 7 3 5 0 3 5 8 0 4 4 0 8 1

1 6 8 5 5 2 6 5 3 1 1 7 0 9 9 5 7 0 8 9 9 4 2

7 3 2 8 7 0 9 2 5 8 4 8 7 8 9 4 4 3 6 4 6 0 0

5 0 4 1 0 8 9 2 2 6 6 9 1 7 8 3 5 2 5 8 7 0 7

8 5 9 5 1 2 9 8 3 4 4 1 7 2 9 5 3 5 1 9 5 3 7

8 8 5 5 3 4 5 7 3 7 4 2 6 0 8 5 9 0 2 9 0 8 1

7 6 5 1 5 5 7 8 0 3 9 0 5 9 4 6 4 0 8 7 3 5 0

6 1 2 3 2 2 6 1 1 2 0 0 9 3 7 3 1 0 8 0 4 8 5

4 8 5 2 6 3 5 7 2 2 8 2 5 7 6 8 2 0 3 4 1 6 0

5 0 4 8 4 6 6 2 7 7 5 0 4 5 0 0 3 1 2 6 2 0 0

8 0 0 7 9 9 8 0 4 9 2 5 4 8 5 3 4 6 9 4 1 4 6

9 7 7 5 1 6 4 9 3 2 7 0 9 5 0 4 9 3 4 6 3 9 3

8 2 4 3 2 2 2 7 1 8 8 5 1 5 9 7 4 0 5 4 7 0 2

1 4 8 2 8 9 7 1 1 1 7 7 7 9 2 3 7 6 1 2 2 5 7

8 8 7 3 4 7 7 1 8 8 1 9 6 8 2 5 4 6 2 9 8 1 2

6 8 6 8 5 8 1 7 0 5 0 7 4 0 2 7 2 5 5 0 2 6 3

3 2 9 0 4 4 9 7 6 2 7 7 8 9 4 4 2 3 6 2 1 6 7

4 1 1 9 1 8 6 2 6 9 4 3 9 6 5 0 6 7 1 5 1 5 7

7 9 5 8 6 7 5 6 4 8 2 3 9 9 3 9 1 7 6 0 4 2 6

0 1 7 6 3 3 8 7 0 4 5 4 9 9 0 1 7 6 1 4 3 6 4

1 2 0 4 6 9 2 1 8 2 3 7 0 7 6 4 8 8 7 8 3 4 1

9 6 8 9 6 8 6 1 1 8 1 5 5 8 1 5 8 7 3 6 0 6 2

9 3 8 6 0 3 8 1 0 1 7 1 2 1 5 8 5 5 2 7 2 6 6

8 3 0 0 8 2 3 8 3 4 0 4 6 5 6 4 7 5 8 8 0 4 0

5 1 3 8 0 8 0 1 6 3 3 6 3 8 8 7 4 2 1 6 3 7 1

4 0 6 4 3 5 4 9 5 5 6 1 8 6 8 9 6 4 1 1 2 2 8

2 1 4 0 7 5 3 3 0 2 6 5 5 1 0 0 4 2 4 1 0 4 8

9 6 7 8 3 5 2 8 5 8 8 2 9 0 2 4 3 6 7 0 9 0 4

8 8 7 1 1 8 1 9 0 9 0 9 4 9 4 5 3 3 1 4 4 2 1
8 2 8 7 6 6 1 8 1 0 3 1 0 0 7 3 5 4 7 7 0 5 4
9 8 1 5 9 6 8 0 7 7 2 0 0 9 4 7 4 6 9 6 1 3 4
3 6 0 9 2 8 6 1 4 8 4 9 4 1 7 8 5 0 1 7 1 8 0
7 7 9 3 0 6 8 1 0 8 5 4 6 9 0 0 0 9 4 4 5 8 9
9 5 2 7 9 4 2 4 3 9 8 1 3 9 2 1 3 5 0 5 5 8 6
4 2 2 1 9 6 4 8 3 4 9 1 5 1 2 6 3 9 0 1 2 8 0
3 8 3 2 0 0 1 0 9 7 7 3 8 6 8 0 6 6 2 8 7 7 9
2 3 9 7 1 8 0 1 4 6 1 3 4 3 2 4 4 5 7 2 6 4 0
0 9 7 3 7 4 2 5 7 0 0 7 3 5 9 2 1 0 0 3 1 5 4
1 5 0 8 9 3 6 7 9 3 0 0 8 1 6 9 9 8 0 5 3 6 5
2 0 2 7 6 0 0 7 2 7 7 4 9 6 7 4 5 8 4 0 0 2 8
3 6 2 4 0 5 3 4 6 0 3 7 2 6 3 4 1 6 5 5 4 2 5
9 0 2 7 6 0 1 8 3 4 8 4 0 3 0 6 8 1 1 3 8 1 8
5 5 1 0 5 9 7 9 7 0 5 6 6 4 0 0 7 5 0 9 4 2 6
0 8 7 8 8 5 7 3 5 7 9 6 0 3 7 3 2 4 5 1 4 1 4
6 7 8 6 7 0 3 6 8 8 0 9 8 8 0 6 0 9 7 1 6 4 2
5 8 4 9 7 5 9 5 1 3 8 0 6 9 3 0 9 4 4 9 4 0 1
5 1 5 4 2 2 2 2 1 9 4 3 2 9 1 3 0 2 1 7 3 9 1
2 5 3 8 3 5 5 9 1 5 0 3 1 0 0 3 3 3 0 3 2 5 1
1 1 7 4 9 1 5 6 9 6 9 1 7 4 5 0 2 7 1 4 9 4 3

3 1 5 1 5 5 8 8 5 4 0 3 9 2 2 1 6 4 0 9 7 2 2

9 1 0 1 1 2 9 0 3 5 5 2 1 8 1 5 7 6 2 8 2 3 2

8 3 1 8 2 3 4 2 5 4 8 3 2 6 1 1 1 9 1 2 8 0 0

9 2 8 2 5 2 5 6 1 9 0 2 0 5 2 6 3 0 1 6 3 9 1

1 4 7 7 2 4 7 3 3 1 4 8 5 7 3 9 1 0 7 7 7 5 8

7 4 4 2 5 3 8 7 6 1 1 7 4 6 5 7 8 6 7 1 1 6 9

4 1 4 7 7 6 4 2 1 4 4 1 1 1 1 2 6 3 5 8 3 5 5

3 8 7 1 3 6 1 0 1 1 0 2 3 2 6 7 9 8 7 7 5 6 4

1 0 2 4 6 8 2 4 0 3 2 2 6 4 8 3 4 6 4 1 7 6 6

3 6 9 8 0 6 6 3 7 8 5 7 6 8 1 3 4 9 2 0 4 5 3

0 2 2 4 0 8 1 9 7 2 7 8 5 6 4 7 1 9 8 3 9 6 3

0 8 7 8 1 5 4 3 2 2 1 1 6 6 9 1 2 2 4 6 4 1 5

9 1 1 7 7 6 7 3 2 2 5 3 2 6 4 3 3 5 6 8 6 1 4

6 1 8 6 5 4 5 2 2 2 6 8 1 2 6 8 8 7 2 6 8 4 4

5 9 6 8 4 4 2 4 1 6 1 0 7 8 5 4 0 1 6 7 6 8 1

4 2 0 8 0 8 8 5 0 2 8 0 0 5 4 1 4 3 6 1 3 1 4

6 2 3 0 8 2 1 0 2 5 9 4 1 7 3 7 5 6 2 3 8 9 9

4 2 0 7 5 7 1 3 6 2 7 5 1 6 7 4 5 7 3 1 8 9 1

8 9 4 5 6 2 8 3 5 2 5 7 0 4 4 1 3 3 5 4 3 7 5

8 5 7 5 3 4 2 6 9 8 6 9 9 4 7 2 5 4 7 0 3 1 6

5 6 6 1 3 9 9 1 9 9 9 6 8 2 6 2 8 2 4 7 2 7 0

6 4 1 3 3 6 2 2 2 1 7 8 9 2 3 9 0 3 1 7 6 0 8

5 4 2 8 9 4 3 7 3 3 9 3 5 6 1 8 8 9 1 6 5 1 2

5 0 4 2 4 4 0 4 0 0 8 9 5 2 7 1 9 8 3 7 8 7 3

8 6 4 8 0 5 8 4 7 2 6 8 9 5 4 6 2 4 3 8 8 2 3

4 3 7 5 1 7 8 8 5 2 0 1 4 3 9 5 6 0 0 5 7 1 0

4 8 1 1 9 4 9 8 8 4 2 3 9 0 6 0 6 1 3 6 9 5 7

3 4 2 3 1 5 5 9 0 7 9 6 7 0 3 4 6 1 4 9 1 4 3

4 4 7 8 8 6 3 6 0 4 1 0 3 1 8 2 3 5 0 7 3 6 5

0 2 7 7 8 5 9 0 8 9 7 5 7 8 2 7 2 7 3 1 3 0 5

0 4 8 8 9 3 9 8 9 0 0 9 9 2 3 9 1 3 5 0 3 3 7

3 2 5 0 8 5 5 9 8 2 6 5 5 8 6 7 0 8 9 2 4 2 6

1 2 4 2 9 4 7 3 6 7 0 1 9 3 9 0 7 7 2 7 1 3 0

7 0 6 8 6 9 1 7 0 9 2 6 4 6 2 5 4 8 4 2 3 2 4

0 7 4 8 5 5 0 3 6 6 0 8 0 1 3 6 0 4 6 6 8 9 5

1 1 8 4 0 0 9 3 6 6 8 6 0 9 5 4 6 3 2 5 0 0 2

1 4 5 8 5 2 9 3 0 9 5 0 0 0 0 9 0 7 1 5 1 0 5

8 2 3 6 2 6 7 2 9 3 2 6 4 5 3 7 3 8 2 1 0 4 9

3 8 7 2 4 9 9 6 6 9 9 3 3 9 4 2 4 6 8 5 5 1 6

4 8 3 2 6 1 1 3 4 1 4 6 1 1 0 6 8 0 2 6 7 4 4

6 6 3 7 3 3 4 3 7 5 3 4 0 7 6 4 2 9 4 0 2 6 6

8 2 9 7 3 8 6 5 2 2 0 9 3 5 7 0 1 6 2 6 3 8 4

6 4 8 5 2 8 5 1 4 9 0 3 6 2 9 3 2 0 1 9 9 1 9

9 6 8 8 2 8 5 1 7 1 8 3 9 5 3 6 6 9 1 3 4 5 2

2 2 4 4 7 0 8 0 4 5 9 2 3 9 6 6 0 2 8 1 7 1

5 6 5 5 1 5 6 5 6 6 6 1 1 1 3 5 9 8 2 3 1 1 2

2 5 0 6 2 8 9 0 5 8 5 4 9 1 4 5 0 9 7 1 5 7 5

5 3 9 0 0 2 4 3 9 3 1 5 3 5 1 9 0 9 0 2 1 0 7

1 1 9 4 5 7 3 0 0 2 4 3 8 8 0 1 7 6 6 1 5 0 3

5 2 7 0 8 6 2 6 0 2 5 3 7 8 8 1 7 9 7 5 1 9 4

7 8 0 6 1 0 1 3 7 1 5 0 0 4 4 8 9 9 1 7 2 1 0

0 2 2 2 0 1 3 3 5 0 1 3 1 0 6 0 1 6 3 9 1 5 4

1 5 8 9 5 7 8 0 3 7 1 1 7 7 9 2 7 7 5 2 2 5 9

7 8 7 4 2 8 9 1 9 1 7 9 1 5 5 2 2 4 1 7 1 8 9

5 8 5 3 6 1 6 8 0 5 9 4 7 4 1 2 3 4 1 9 3 3 9

8 4 2 0 2 1 8 7 4 5 6 4 9 2 5 6 4 4 3 4 6 2 3

9 2 5 3 1 9 5 3 1 3 5 1 0 3 3 1 1 4 7 6 3 9 4

9 1 1 9 9 5 0 7 2 8 5 8 4 3 0 6 5 8 3 6 1 9 3

5 3 6 9 3 2 9 6 9 9 2 8 9 8 3 7 9 1 4 9 4 1 9

3 9 4 0 6 0 8 5 7 2 4 8 6 3 9 6 8 8 3 6 9 0 3

2 6 5 5 6 4 3 6 4 2 1 6 6 4 4 2 5 7 6 0 7 9 1

4 7 1 0 8 6 9 9 8 4 3 1 5 7 3 3 7 4 9 6 4 8 8

3 5 2 9 2 7 6 9 3 2 8 2 2 0 7 6 2 9 4 7 2 8 2

3 8 1 5 3 7 4 0 9 9 6 1 5 4 5 5 9 8 7 9 8 2 5

9 8 9 1 0 9 3 7 1 7 1 2 6 2 1 8 2 8 3 0 2 5 8

4 8 1 1 2 3 8 9 0 1 1 9 6 8 2 2 1 4 2 9 4 5 7

6 6 7 5 8 0 7 1 8 6 5 3 8 0 6 5 0 6 4 8 7 0 2

6 1 3 3 8 9 2 8 2 2 9 9 4 9 7 2 5 7 4 5 3 0 3

3 2 8 3 8 9 6 3 8 1 8 4 3 9 4 4 7 7 0 7 7 9 4

0 2 2 8 4 3 5 9 8 8 3 4 1 0 0 3 5 8 3 8 5 4 2

3 8 9 7 3 5 4 2 4 3 9 5 6 4 7 5 5 5 6 8 4 0 9

5 2 2 4 8 4 4 5 5 4 1 3 9 2 3 9 4 1 0 0 0 1 6

2 0 7 6 9 3 6 3 6 8 4 6 7 7 6 4 1 3 0 1 7 8 1

9 6 5 9 3 7 9 9 7 1 5 5 7 4 6 8 5 4 1 9 4 6 3

3 4 8 9 3 7 4 8 4 3 9 1 2 9 7 4 2 3 9 1 4 3 3

6 5 9 3 6 0 4 1 0 0 3 5 2 3 4 3 7 7 7 0 6 5 8

8 8 6 7 7 8 1 1 3 9 4 9 8 6 1 6 4 7 8 7 4 7 1

4 0 7 9 3 2 6 3 8 5 8 7 3 8 6 2 4 7 3 2 8 8 9

6 4 5 6 4 3 5 9 8 7 7 4 6 6 7 6 3 8 4 7 9 4 6

6 5 0 4 0 7 4 1 1 1 8 2 5 6 5 8 3 7 8 8 7 8 4

5 4 8 5 8 1 4 8 9 6 2 9 6 1 2 7 3 9 9 8 4 1 3

4 4 2 7 2 6 0 8 6 0 6 1 8 7 2 4 5 5 4 5 2 3 6

0 6 4 3 1 5 3 7 1 0 1 1 2 7 4 6 8 0 9 7 7 8 7

0 4 4 6 4 0 9 4 7 5 8 2 8 0 3 4 8 7 6 9 7 5 8

9 4 8 3 2 8 2 4 1 2 3 9 2 9 2 9 6 0 5 8 2 9 4
8 6 1 9 1 9 6 6 7 0 9 1 8 9 5 8 0 8 9 8 3 3 2
0 1 2 1 0 3 1 8 4 3 0 3 4 0 1 2 8 4 9 5 1 1 6
2 0 3 5 3 4 2 8 0 1 4 4 1 2 7 6 1 7 2 8 5 8 3
0 2 4 3 5 5 9 8 3 0 0 3 2 0 4 2 0 2 4 5 1 2 0
7 2 8 7 2 5 3 5 5 8 1 1 9 5 8 4 0 1 4 9 1 8 0
9 6 9 2 5 3 3 9 5 0 7 5 7 7 8 4 0 0 0 6 7 4 6
5 5 2 6 0 3 1 4 4 6 1 6 7 0 5 0 8 2 7 6 8 2 7
7 2 2 2 3 5 3 4 1 9 1 1 0 2 6 3 4 1 6 3 1 5 7
1 4 7 4 0 6 1 2 3 8 5 0 4 2 5 8 4 5 9 8 8 4 1
9 9 0 7 6 1 1 2 8 7 2 5 8 0 5 9 1 1 3 9 3 5 6
8 9 6 0 1 4 3 1 6 6 8 2 8 3 1 7 6 3 2 3 5 6 7
3 2 5 4 1 7 0 7 3 4 2 0 8 1 7 3 3 2 2 3 0 4 6
2 9 8 7 9 9 2 8 0 4 9 0 8 5 1 4 0 9 4 7 9 0 3
6 8 8 7 8 6 8 7 8 9 4 9 3 0 5 4 6 9 5 5 7 0 3
0 7 2 6 1 9 0 0 9 5 0 2 0 7 6 4 3 3 4 9 3 3 5
9 1 0 6 0 2 4 5 4 5 0 8 6 4 5 3 6 2 8 9 3 5 4
5 6 8 6 2 9 5 8 5 3 1 3 1 5 3 3 7 1 8 3 8 6 8
2 6 5 6 1 7 8 6 2 2 7 3 6 3 7 1 6 9 7 5 7 7 4
1 8 3 0 2 3 9 8 6 0 0 6 5 9 1 4 8 1 6 1 6 4 0
4 9 4 4 9 6 5 0 1 1 7 3 2 1 3 1 3 8 9 5 7 4 7

0 6 2 0 8 8 4 7 4 8 0 2 3 6 5 3 7 1 0 3 1 1 5

0 8 9 8 4 2 7 9 9 2 7 5 4 4 2 6 8 5 3 2 7 7 9

7 4 3 1 1 3 9 5 1 4 3 5 7 4 1 7 2 2 1 9 7 5 9

7 9 9 3 5 9 6 8 5 2 5 2 2 8 5 7 4 5 2 6 3 7 9

6 2 8 9 6 1 2 6 9 1 5 7 2 3 5 7 9 8 6 6 2 0 5

7 3 4 0 8 3 7 5 7 6 6 8 7 3 8 8 4 2 6 6 4 0 5

9 9 0 9 9 3 5 0 5 0 0 0 8 1 3 3 7 5 4 3 2 4 5

4 6 3 5 9 6 7 5 0 4 8 4 4 2 3 5 2 8 4 8 7 4 7

0 1 4 4 3 5 4 5 4 1 9 5 7 6 2 5 8 4 7 3 5 6 4

2 1 6 1 9 8 1 3 4 0 7 3 4 6 8 5 4 1 1 1 7 6 6

8 8 3 1 1 8 6 5 4 4 8 9 3 7 7 6 9 7 9 5 6 6 5

1 7 2 7 9 6 6 2 3 2 6 7 1 4 8 1 0 3 3 8 6 4 3

9 1 3 7 5 1 8 6 5 9 4 6 7 3 0 0 2 4 4 3 4 5 0

0 5 4 4 9 9 5 3 9 9 7 4 2 3 7 2 3 2 8 7 1 2 4

9 4 8 3 4 7 0 6 0 4 4 0 6 3 4 7 1 6 0 6 3 2 5

8 3 0 6 4 9 8 2 9 7 9 5 5 1 0 1 0 9 5 4 1 8 3

6 2 3 5 0 3 0 3 0 9 4 5 3 0 9 7 3 3 5 8 3 4 4

6 2 8 3 9 4 7 6 3 0 4 7 7 5 6 4 5 0 1 5 0 0 8

5 0 7 5 7 8 9 4 9 5 4 8 9 3 1 3 9 3 9 4 4 8 9

9 2 1 6 1 2 5 5 2 5 5 9 7 7 0 1 4 3 6 8 5 8 9

4 3 5 8 5 8 7 7 5 2 6 3 7 9 6 2 5 5 9 7 0 8 1

6 7 7 6 4 3 8 0 0 1 2 5 4 3 6 5 0 2 3 7 1 4 1

2 7 8 3 4 6 7 9 2 6 1 0 1 9 9 5 5 8 5 2 2 4 7

1 7 2 2 0 1 7 7 7 2 3 7 0 0 4 1 7 8 0 8 4 1 9

4 2 3 9 4 8 7 2 5 4 0 6 8 0 1 5 5 6 0 3 5 9 9

8 3 9 0 5 4 8 9 8 5 7 2 3 5 4 6 7 4 5 6 4 2 3

9 0 5 8 5 8 5 0 2 1 6 7 1 9 0 3 1 3 9 5 2 6 2

9 4 4 5 5 4 3 9 1 3 1 6 6 3 1 3 4 5 3 0 8 9 3

9 0 6 2 0 4 6 7 8 4 3 8 7 7 8 5 0 5 4 2 3 9 3

9 0 5 2 4 7 3 1 3 6 2 0 1 2 9 4 7 6 9 1 8 7 4

9 7 5 1 9 1 0 1 1 4 7 2 3 1 5 2 8 9 3 2 6 7 7

2 5 3 3 9 1 8 1 4 6 6 0 7 3 0 0 0 8 9 0 2 7 7

6 8 9 6 3 1 1 4 8 1 0 9 0 2 2 0 9 7 2 4 5 2 0

7 5 9 1 6 7 2 9 7 0 0 7 8 5 0 5 8 0 7 1 7 1 8

6 3 8 1 0 5 4 9 6 7 9 7 3 1 0 0 1 6 7 8 7 0 8

5 0 6 9 4 2 0 7 0 9 2 2 3 2 9 0 8 0 7 0 3 8 3

2 6 3 4 5 3 4 5 2 0 3 8 0 2 7 8 6 0 9 9 0 5 5

6 9 0 0 1 3 4 1 3 7 1 8 2 3 6 8 3 7 0 9 9 1 9

4 9 5 1 6 4 8 9 6 0 0 7 5 5 0 4 9 3 4 1 2 6 7

8 7 6 4 3 6 7 4 6 3 8 4 9 0 2 0 6 3 9 6 4 0 1

9 7 6 6 6 8 5 5 9 2 3 3 5 6 5 4 6 3 9 1 3 8 3

6 3 1 8 5 7 4 5 6 9 8 1 4 7 1 9 6 2 1 0 8 4 1

0 8 0 9 6 1 8 8 4 6 0 5 4 5 6 0 3 9 0 3 8 4 5

5 3 4 3 7 2 9 1 4 1 4 4 6 5 1 3 4 7 4 9 4 0 7

8 4 8 8 4 4 2 3 7 7 2 1 7 5 1 5 4 3 3 4 2 6 0

3 0 6 6 9 8 8 3 1 7 6 8 3 3 1 0 0 1 1 3 3 1 0

8 6 9 0 4 2 1 9 3 9 0 3 1 0 8 0 1 4 3 7 8 4 3

3 4 1 5 1 3 7 0 9 2 4 3 5 3 0 1 3 6 7 7 6 3 1

0 8 4 9 1 3 5 1 6 1 5 6 4 2 2 6 9 8 4 7 5 0 7

4 3 0 3 2 9 7 1 6 7 4 6 9 6 4 0 6 6 6 5 3 1 5

2 7 0 3 5 3 2 5 4 6 7 1 1 2 6 6 7 5 2 2 4 6 0

5 5 1 1 9 9 5 8 1 8 3 1 9 6 3 7 6 3 7 0 7 6 1

7 9 9 1 9 1 9 2 0 3 5 7 9 5 8 2 0 0 7 5 9 5 6

0 5 3 0 2 3 4 6 2 6 7 7 5 7 9 4 3 9 3 6 3 0 7

4 6 3 0 5 6 9 0 1 0 8 0 1 1 4 9 4 2 7 1 4 1 0

0 9 3 9 1 3 6 9 1 3 8 1 0 7 2 5 8 1 3 7 8 1 3

5 7 8 9 4 0 0 5 5 9 9 5 0 0 1 8 3 5 4 2 5 1 1

8 4 1 7 2 1 3 6 0 5 5 7 2 7 5 2 2 1 0 3 5 2 6

8 0 3 7 3 5 7 2 6 5 2 7 9 2 2 4 1 7 3 7 3 6 0

5 7 5 1 1 2 7 8 8 7 2 1 8 1 9 0 8 4 4 9 0 0 6

1 7 8 0 1 3 8 8 9 7 1 0 7 7 0 8 2 2 9 3 1 0 0

2 7 9 7 6 6 5 9 3 5 8 3 8 7 5 8 9 0 9 3 9 5 6

8 8 1 4 8 5 6 0 2 6 3 2 2 4 3 9 3 7 2 6 5 6 2

4 7 2 7 7 6 0 3 7 8 9 0 8 1 4 4 5 8 8 3 7 8 5

5 0 1 9 7 0 2 8 4 3 7 7 9 3 6 2 4 0 7 8 2 5 0

5 2 7 0 4 8 7 5 8 1 6 4 7 0 3 2 4 5 8 1 2 9 0

8 7 8 3 9 5 2 3 2 4 5 3 2 3 7 8 9 6 0 2 9 8 4

1 6 6 9 2 2 5 4 8 9 6 4 9 7 1 5 6 0 6 9 8 1 1

9 2 1 8 6 5 8 4 9 2 6 7 7 0 4 0 3 9 5 6 4 8 1

2 7 8 1 0 2 1 7 9 9 1 3 2 1 7 4 1 6 3 0 5 8 1

0 5 5 4 5 9 8 8 0 1 3 0 0 4 8 4 5 6 2 9 9 7 6

5 1 1 2 1 2 4 1 5 3 6 3 7 4 5 1 5 0 0 5 6 3 5

0 7 0 1 2 7 8 1 5 9 2 6 7 1 4 2 4 1 3 4 2 1 0

3 3 0 1 5 6 6 1 6 5 3 5 6 0 2 4 7 3 3 8 0 7 8

4 3 0 2 8 6 5 5 2 5 7 2 2 2 7 5 3 0 4 9 9 9 8

8 3 7 0 1 5 3 4 8 7 9 3 0 0 8 0 6 2 6 0 1 8 0

9 6 2 3 8 1 5 1 6 1 3 6 6 9 0 3 3 4 1 1 1 1 3

8 6 5 3 8 5 1 0 9 1 9 3 6 7 3 9 3 8 3 5 2 2 9

3 4 5 8 8 8 3 2 2 5 5 0 8 8 7 0 6 4 5 0 7 5 3

9 4 7 3 9 5 2 0 4 3 9 6 8 0 7 9 0 6 7 0 8 6 8

0 6 4 4 5 0 9 6 9 8 6 5 4 8 8 0 1 6 8 2 8 7 4

3 4 3 7 8 6 1 2 6 4 5 3 8 1 5 8 3 4 2 8 0 7 5

3 0 6 1 8 4 5 4 8 5 9 0 3 7 9 8 2 1 7 9 9 4 5

9 9 6 8 1 1 5 4 4 1 9 7 4 2 5 3 6 3 4 4 3 9 9

6 0 2 9 0 2 5 1 0 0 1 5 8 8 8 2 7 2 1 6 4 7 4

5 0 0 6 8 2 0 7 0 4 1 9 3 7 6 1 5 8 4 5 4 7 1

2 3 1 8 3 4 6 0 0 7 2 6 2 9 3 3 9 5 5 0 5 4 8

2 3 9 5 5 7 1 3 7 2 5 6 8 4 0 2 3 2 2 6 8 2 1

3 0 1 2 4 7 6 7 9 4 5 2 2 6 4 4 8 2 0 9 1 0 2

3 5 6 4 7 7 5 2 7 2 3 0 8 2 0 8 1 0 6 3 5 1 8

8 9 9 1 5 2 6 9 2 8 8 9 1 0 8 4 5 5 5 7 1 1 2

6 6 0 3 9 6 5 0 3 4 3 9 7 8 9 6 2 7 8 2 5 0 0

1 6 1 1 0 1 5 3 2 3 5 1 6 0 5 1 9 6 5 5 9 0 4

2 1 1 8 4 4 9 4 9 9 0 7 7 8 9 9 9 2 0 0 7 3 2

9 4 7 6 9 0 5 8 6 8 5 7 7 8 7 8 7 2 0 9 8 2 9

0 1 3 5 2 9 5 6 6 1 3 9 7 8 8 8 4 8 6 0 5 0 9

7 8 6 0 8 5 9 5 7 0 1 7 7 3 1 2 9 8 1 5 5 3 1

4 9 5 1 6 8 1 4 6 7 1 7 6 9 5 9 7 6 0 9 9 4 2

1 0 0 3 6 1 8 3 5 5 9 1 3 8 7 7 7 8 1 7 6 9 8

4 5 8 7 5 8 1 0 4 4 6 6 2 8 3 9 9 8 8 0 6 0 0

6 1 6 2 2 9 8 4 8 6 1 6 9 3 5 3 3 7 3 8 6 5 7

8 7 7 3 5 9 8 3 3 6 1 6 1 3 3 8 4 1 3 3 8 5 3

6 8 4 2 1 1 9 7 8 9 3 8 9 0 0 1 8 5 2 9 5 6 9

1 9 6 7 8 0 4 5 5 4 4 8 2 8 5 8 4 8 3 7 0 1 1

7 0 9 6 7 2 1 2 5 3 5 3 3 8 7 5 8 6 2 1 5 8 2

3 1 0 1 3 3 1 0 3 8 7 7 6 6 8 2 7 2 1 1 5 7 2
6 9 4 9 5 1 8 1 7 9 5 8 9 7 5 4 6 9 3 9 9 2 6
4 2 1 9 7 9 1 5 5 2 3 3 8 5 7 6 6 2 3 1 6 7 6
2 7 5 4 7 5 7 0 3 5 4 6 9 9 4 1 4 8 9 2 9 0 4
1 3 0 1 8 6 3 8 6 1 1 9 4 3 9 1 9 6 2 8 3 8 8
7 0 5 4 3 6 7 7 7 4 3 2 2 4 2 7 6 8 0 9 1 3 2
3 6 5 4 4 9 4 8 5 3 6 6 7 6 8 0 0 0 0 0 1 0 6
5 2 6 2 4 8 5 4 7 3 0 5 5 8 6 1 5 9 8 9 9 9 1
4 0 1 7 0 7 6 9 8 3 8 5 4 8 3 1 8 8 7 5 0 1 4
2 9 3 8 9 0 8 9 9 5 0 6 8 5 4 5 3 0 7 6 5 1 1
6 8 0 3 3 3 7 3 2 2 2 6 5 1 7 5 6 6 2 2 0 7 5
2 6 9 5 1 7 9 1 4 4 2 2 5 2 8 0 8 1 6 5 1 7 1
6 6 7 7 6 6 7 2 7 9 3 0 3 5 4 8 5 1 5 4 2 0 4
0 2 3 8 1 7 4 6 0 8 9 2 3 2 8 3 9 1 7 0 3 2 7
5 4 2 5 7 5 0 8 6 7 6 5 5 1 1 7 8 5 9 3 9 5 0
0 2 7 9 3 3 8 9 5 9 2 0 5 7 6 6 8 2 7 8 9 6 7
7 6 4 4 5 3 1 8 4 0 4 0 4 1 8 5 5 4 0 1 0 4 3
5 1 3 4 8 3 8 9 5 3 1 2 0 1 3 2 6 3 7 8 3 6 9
2 8 3 5 8 0 8 2 7 1 9 3 7 8 3 1 2 6 5 4 9 6 1
7 4 5 9 9 7 0 5 6 7 4 5 0 7 1 8 3 3 2 0 6 5 0
3 4 5 5 6 6 4 4 0 3 4 4 9 0 4 5 3 6 2 7 5 6 0

0 1 1 2 5 0 1 8 4 3 3 5 6 0 7 3 6 1 2 2 2 7 6

5 9 4 9 2 7 8 3 9 3 7 0 6 4 7 8 4 2 6 4 5 6 7

6 3 3 8 8 1 8 8 0 7 5 6 5 6 1 2 1 6 8 9 6 0 5

0 4 1 6 1 1 3 9 0 3 9 0 6 3 9 6 0 1 6 2 0 2 2

1 5 3 6 8 4 9 4 1 0 9 2 6 0 5 3 8 7 6 8 8 7 1

4 8 3 7 9 8 9 5 5 9 9 9 9 1 1 2 0 9 9 1 6 4 6

4 6 4 4 1 1 9 1 8 5 6 8 2 7 7 0 0 4 5 7 4 2 4

3 4 3 4 0 2 1 6 7 2 2 7 6 4 4 5 5 8 9 3 3 0 1

2 7 7 8 1 5 8 6 8 6 9 5 2 5 0 6 9 4 9 9 3 6 4

6 1 0 1 7 5 6 8 5 0 6 0 1 6 7 1 4 5 3 5 4 3 1

5 8 1 4 8 0 1 0 5 4 5 8 8 6 0 5 6 4 5 5 0 1 3

3 2 0 3 7 5 8 6 4 5 4 8 5 8 4 0 3 2 4 0 2 9 8

7 1 7 0 9 3 4 8 0 9 1 0 5 5 6 2 1 1 6 7 1 5 4

6 8 4 8 4 7 7 8 0 3 9 4 4 7 5 6 9 7 9 8 0 4 2

6 3 1 8 0 9 9 1 7 5 6 4 2 2 8 0 9 8 7 3 9 9 8

7 6 6 9 7 3 2 3 7 6 9 5 7 3 7 0 1 5 8 0 8 0 6

8 2 2 9 0 4 5 9 9 2 1 2 3 6 6 1 6 8 9 0 2 5 9

6 2 7 3 0 4 3 0 6 7 9 3 1 6 5 3 1 1 4 9 4 0 1

7 6 4 7 3 7 6 9 3 8 7 3 5 1 4 0 9 3 3 6 1 8 3

3 2 1 6 1 4 2 8 0 2 1 4 9 7 6 3 3 9 9 1 8 9 8

3 5 4 8 4 8 7 5 6 2 5 2 9 8 7 5 2 4 2 3 8 7 3

0 7 7 5 5 9 5 5 5 9 5 5 4 6 5 1 9 6 3 9 4 4 0
1 8 2 1 8 4 0 9 9 8 4 1 2 4 8 9 8 2 6 2 3 6 7
3 7 7 1 4 6 7 2 2 6 0 6 1 6 3 3 6 4 3 2 9 6 4
0 6 3 3 5 7 2 8 1 0 7 0 7 8 8 7 5 8 1 6 4 0 4
3 8 1 4 8 5 0 1 8 8 4 1 1 4 3 1 8 8 5 9 8 2
7 6 9 4 4 9 0 1 1 9 3 2 1 2 9 6 8 2 7 1 5 8 8
8 4 1 3 3 8 6 9 4 3 4 6 8 2 8 5 9 0 0 6 6 6 4
0 8 0 6 3 1 4 0 7 7 7 5 7 7 2 5 7 0 5 6 3 0 7
2 9 4 0 0 4 9 2 9 4 0 3 0 2 4 2 0 4 9 8 4 1 6
5 6 5 4 7 9 7 3 6 7 0 5 4 8 5 5 8 0 4 4 5 8 6
5 7 2 0 2 2 7 6 3 7 8 4 0 4 6 6 8 2 3 3 7 9 8
5 2 8 2 7 1 0 5 7 8 4 3 1 9 7 5 3 5 4 1 7 9 5
0 1 1 3 4 7 2 7 3 6 2 5 7 7 4 0 8 0 2 1 3 4 7
6 8 2 6 0 4 5 0 2 2 8 5 1 5 7 9 7 9 5 7 9 7 6
4 7 4 6 7 0 2 2 8 4 0 9 9 9 5 6 1 6 0 1 5 6 9
1 0 8 9 0 3 8 4 5 8 2 4 5 0 2 6 7 9 2 6 5 9 4
2 0 5 5 5 0 3 9 5 8 7 9 2 2 9 8 1 8 5 2 6 4 8
0 0 7 0 6 8 3 7 6 5 0 4 1 8 3 6 5 6 2 0 9 4 5
5 5 4 3 4 6 1 3 5 1 3 4 1 5 2 5 7 0 0 6 5 9 7
4 8 8 1 9 1 6 3 4 1 3 5 9 5 5 5 6 7 1 9 6 4 9 6
5 4 0 3 2 1 8 7 2 7 1 6 0 2 6 4 8 5 9 3 0 4 9

0 3 9 7 8 7 4 8 9 5 8 9 0 6 6 1 2 7 2 5 0 7 9

4 8 2 8 2 7 6 9 3 8 9 5 3 5 2 1 7 5 3 6 2 1 8

5 0 7 9 6 2 9 7 7 8 5 1 4 6 1 8 8 4 3 2 7 1 9

2 2 3 2 2 3 8 1 0 1 5 8 7 4 4 4 5 0 5 2 8 6 6

5 2 3 8 0 2 2 5 3 2 8 4 3 8 9 1 3 7 5 2 7 3 8

4 5 8 9 2 3 8 4 4 2 2 5 3 5 4 7 2 6 5 3 0 9 8

1 7 1 5 7 8 4 4 7 8 3 4 2 1 5 8 2 2 3 2 7 0 2

0 6 9 0 2 8 7 2 3 2 3 3 0 0 5 3 8 6 2 1 6 3 4

7 9 8 8 5 0 9 4 6 9 5 4 7 2 0 0 4 7 9 5 2 3 1

1 2 0 1 5 0 4 3 2 9 3 2 2 6 6 2 8 2 7 2 7 6 3

2 1 7 7 9 0 8 8 4 0 0 8 7 8 6 1 4 8 0 2 2 1 4

7 5 3 7 6 5 7 8 1 0 5 8 1 9 7 0 2 2 2 6 3 0 9

7 1 7 4 9 5 0 7 2 1 2 7 2 4 8 4 7 9 4 7 8 1 6

9 5 7 2 9 6 1 4 2 3 6 5 8 5 9 5 7 8 2 0 9 0 8

3 0 7 3 3 2 3 3 5 6 0 3 4 8 4 6 5 3 1 8 7 3 0

2 9 3 0 2 6 6 5 9 6 4 5 0 1 3 7 1 8 3 7 5 4 2

8 8 9 7 5 5 7 9 7 1 4 4 9 9 2 4 6 5 4 0 3 8 6

8 1 7 9 9 2 1 3 8 9 3 4 6 9 2 4 4 7 4 1 9 8 5

0 9 7 3 3 4 6 2 6 7 9 3 3 2 1 0 7 2 6 8 6 8 7

0 7 6 8 0 6 2 6 3 9 9 1 9 3 6 1 9 6 5 0 4 4 0

9 9 5 4 2 1 6 7 6 2 7 8 4 0 9 1 4 6 6 9 8 5 6

9 2 5 7 1 5 0 7 4 3 1 5 7 4 0 7 9 3 8 0 5 3 2

3 9 2 5 2 3 9 4 7 7 5 5 7 4 4 1 5 9 1 8 4 5 8

2 1 5 6 2 5 1 8 1 9 2 1 5 5 2 3 3 7 0 9 6 0 7

4 8 3 3 2 9 2 3 4 9 2 1 0 3 4 5 1 4 6 2 6 4 3

7 4 4 9 8 0 5 5 9 6 1 0 3 3 0 7 9 9 4 1 4 5 3

4 7 7 8 4 5 7 4 6 9 9 9 9 2 1 2 8 5 9 9 9 9 9

3 9 9 6 1 2 2 8 1 6 1 5 2 1 9 3 1 4 8 8 8 7 6

9 3 8 8 0 2 2 2 8 1 0 8 3 0 0 1 9 8 6 0 1 6 5

4 9 4 1 6 5 4 2 6 1 6 9 6 8 5 8 6 7 8 8 3 7 2

6 0 9 5 8 7 7 4 5 6 7 6 1 8 2 5 0 7 2 7 5 9 9

2 9 5 0 8 9 3 1 8 0 5 2 1 8 7 2 9 2 4 6 1 0 8

6 7 6 3 9 9 5 8 9 1 6 1 4 5 8 5 5 0 5 8 3 9 7

2 7 4 2 0 9 8 0 9 0 9 7 8 1 7 2 9 3 2 3 9 3 0

1 0 6 7 6 6 3 8 6 8 2 4 0 4 0 1 1 1 3 0 4 0 2

4 7 0 0 7 3 5 0 8 5 7 8 2 8 7 2 4 6 2 7 1 3 4

9 4 6 3 6 8 5 3 1 8 1 5 4 6 9 6 9 0 4 6 6 9 6

8 6 9 3 9 2 5 4 7 2 5 1 9 4 1 3 9 9 2 9 1 4 6

5 2 4 2 3 8 5 7 7 6 2 5 5 0 0 4 7 4 8 5 2 9 5

4 7 6 8 1 4 7 9 5 4 6 7 0 0 7 0 5 0 3 4 7 9 9

9 5 8 8 8 6 7 6 9 5 0 1 6 1 2 4 9 7 2 2 8 2 0

4 0 3 0 3 9 9 5 4 6 3 2 7 8 8 3 0 6 9 5 9 7 6

2 4 9 3 6 1 5 1 0 1 0 2 4 3 6 5 5 5 3 5 2 2 3

0 6 9 0 6 1 2 9 4 9 3 8 8 5 9 9 0 1 5 7 3 4 6

6 1 0 2 3 7 1 2 2 3 5 4 7 8 9 1 1 2 9 2 5 4 7

6 9 6 1 7 6 0 0 5 0 4 7 9 7 4 9 2 8 0 6 0 7 2

1 2 6 8 0 3 9 2 2 6 9 1 1 0 2 7 7 7 2 2 6 1 0

2 5 4 4 1 4 9 2 2 1 5 7 6 5 0 4 5 0 8 1 2 0 6

7 7 1 7 3 5 7 1 2 0 2 7 1 8 0 2 4 2 9 6 8 1 0

6 2 0 3 7 7 6 5 7 8 8 3 7 1 6 6 9 0 9 1 0 9 4

1 8 0 7 4 4 8 7 8 1 4 0 4 9 0 7 5 5 1 7 8 2 0

3 8 5 6 5 3 9 0 9 9 1 0 4 7 7 5 9 4 1 4 1 3 2

1 5 4 3 2 8 4 4 0 6 2 5 0 3 0 1 8 0 2 7 5 7 1

6 9 6 5 0 8 2 0 9 6 4 2 7 3 4 8 4 1 4 6 9 5 7

2 6 3 9 7 8 8 4 2 5 6 0 0 8 4 5 3 1 2 1 4 0 6

5 9 3 5 8 0 9 0 4 1 2 7 1 1 3 5 9 2 0 0 4 1 9

7 5 9 8 5 1 3 6 2 5 4 7 9 6 1 6 0 6 3 2 2 8 8

7 3 6 1 8 1 3 6 7 3 7 3 2 4 4 5 0 6 0 7 9 2 4

4 1 1 7 6 3 9 9 7 5 9 7 4 6 1 9 3 8 3 5 8 4 5

7 4 9 1 5 9 8 8 0 9 7 6 6 7 4 4 7 0 9 3 0 0 6

5 4 6 3 4 2 4 2 3 4 6 0 6 3 4 2 3 7 4 7 4 6 6

6 0 8 0 4 3 1 7 0 1 2 6 0 0 5 2 0 5 5 9 2 8 4

9 3 6 9 5 9 4 1 4 3 4 0 8 1 4 6 8 5 2 9 8 1 5

0 5 3 9 4 7 1 7 8 9 0 0 4 5 1 8 3 5 7 5 5 1 5

4 1 2 5 2 2 3 5 9 0 5 9 0 6 8 7 2 6 4 8 7 8 6

3 5 7 5 2 5 4 1 9 1 1 2 8 8 8 7 7 3 7 1 7 6 6

3 7 4 8 6 0 2 7 6 6 0 6 3 4 9 6 0 3 5 3 6 7 9

4 7 0 2 6 9 2 3 2 2 9 7 1 8 6 8 3 2 7 7 1 7 3

9 3 2 3 6 1 9 2 0 0 7 7 7 4 5 2 2 1 2 6 2 4 7

5 1 8 6 9 8 3 3 4 9 5 1 5 1 0 1 9 8 6 4 2 6 9

8 8 7 8 4 7 1 7 1 9 3 9 6 6 4 9 7 6 9 0 7 0 8

2 5 2 1 7 4 2 3 3 6 5 6 6 2 7 2 5 9 2 8 4 4 0

6 2 0 4 3 0 2 1 4 1 1 3 7 1 9 9 2 2 7 8 5 2 6

9 9 8 4 6 9 8 8 4 7 7 0 2 3 2 3 8 2 3 8 4 0 0

5 5 6 5 5 5 1 7 8 8 9 0 8 7 6 6 1 3 6 0 1 3 0

4 7 7 0 9 8 4 3 8 6 1 1 6 8 7 0 5 2 3 1 0 5 5

3 1 4 9 1 6 2 5 1 7 2 8 3 7 3 2 7 2 8 6 7 6 0

0 7 2 4 8 1 7 2 9 8 7 6 3 7 5 6 9 8 1 6 3 3 5

4 1 5 0 7 4 6 0 8 8 3 8 6 6 3 6 4 0 6 9 3 4 7

0 4 3 7 2 0 6 6 8 8 6 5 1 2 7 5 6 8 8 2 6 6 1

4 9 7 3 0 7 8 8 6 5 7 0 1 5 6 8 5 0 1 6 9 1 8

6 4 7 4 8 8 5 4 1 6 7 9 1 5 4 5 9 6 5 0 7 2 3

4 2 8 7 7 3 0 6 9 9 8 5 3 7 1 3 9 0 4 3 0 0 2

6 6 5 3 0 7 8 3 9 8 7 7 6 3 8 5 0 3 2 3 8 1 8

2 1 5 5 3 5 5 9 7 3 2 3 5 3 0 6 8 6 0 4 3 0 1

0 6 7 5 7 6 0 8 3 8 9 0 8 6 2 7 0 4 9 8 4 1 8

8 8 5 9 5 1 3 8 0 9 1 0 3 0 4 2 3 5 9 5 7 8 2

4 9 5 1 4 3 9 8 8 5 9 0 1 1 3 1 8 5 8 3 5 8 4

0 6 6 7 4 7 2 3 7 0 2 9 7 1 4 9 7 8 5 0 8 4 1

4 5 8 5 3 0 8 5 7 8 1 3 3 9 1 5 6 2 7 0 7 6 0

3 5 6 3 9 0 7 6 3 9 4 7 3 1 1 4 5 5 4 9 5 8 3

2 2 6 6 9 4 5 7 0 2 4 9 4 1 3 9 8 3 1 6 3 4 3

3 2 3 7 8 9 7 5 9 5 5 6 8 0 8 5 6 8 3 6 2 9 7

2 5 3 8 6 7 9 1 3 2 7 5 0 5 5 5 4 2 5 2 4 4 9

1 9 4 3 5 8 9 1 2 8 4 0 5 0 4 5 2 2 6 9 5 3 8

1 2 1 7 9 1 3 1 9 1 4 5 1 3 5 0 0 9 9 3 8 4 6

3 1 1 7 7 4 0 1 7 9 7 1 5 1 2 2 8 3 7 8 5 4 6

0 1 1 6 0 3 5 9 5 5 4 0 2 8 6 4 4 0 5 9 0 2 4

9 6 4 6 6 9 3 0 7 0 7 7 6 9 0 5 5 4 8 1 0 2 8

8 5 0 2 0 8 0 8 5 8 0 0 8 7 8 1 1 5 7 7 3 8 1

7 1 9 1 7 4 1 7 7 6 0 1 7 3 3 0 7 3 8 5 5 4 7

5 8 0 0 6 0 5 6 0 1 4 3 3 7 7 4 3 2 9 9 0 1 2

7 2 8 6 7 7 2 5 3 0 4 3 1 8 2 5 1 9 7 5 7 9 1

6 7 9 2 9 6 9 9 9 6 5 0 4 1 4 6 0 7 0 6 6 4 5 7

1 2 5 8 8 8 3 4 6 9 7 9 7 9 6 4 2 9 3 1 6 2 2

9 6 5 5 2 0 1 6 8 7 9 7 3 0 0 0 3 5 6 4 6 3 0

4 5 7 9 3 0 8 8 4 0 3 2 7 4 8 0 7 7 1 8 1 1 5

5 5 3 3 0 9 0 9 8 8 7 0 2 5 5 0 5 2 0 7 6 8 0

4 6 3 0 3 4 6 0 8 6 5 8 1 6 5 3 9 4 8 7 6 9 5

1 9 6 0 0 4 4 0 8 4 8 2 0 6 5 9 6 7 3 7 9 4 7

3 1 6 8 0 8 6 4 1 5 6 4 5 6 5 0 5 3 0 0 4 9 8

8 1 6 1 6 4 9 0 5 7 8 8 3 1 1 5 4 3 4 5 4 8 5

0 5 2 6 6 0 0 6 9 8 2 3 0 9 3 1 5 7 7 7 6 5 0

0 3 7 8 0 7 0 4 6 6 1 2 6 4 7 0 6 0 2 1 4 5 7

5 0 5 7 9 3 2 7 0 9 6 2 0 4 7 8 2 5 6 1 5 2 4

7 1 4 5 9 1 8 9 6 5 2 2 3 6 0 8 3 9 6 6 4 5 6

2 4 1 0 5 1 9 5 5 1 0 5 2 2 3 5 7 2 3 9 7 3 9

5 1 2 8 8 1 8 1 6 4 0 5 9 7 8 5 9 1 4 2 7 9 1

4 8 1 6 5 4 2 6 3 2 8 9 2 0 0 4 2 8 1 6 0 9 1

3 6 9 3 7 7 7 3 7 2 2 2 9 9 9 8 3 3 2 7 0 8 2

0 8 2 9 6 9 9 5 5 7 3 7 7 2 7 3 7 5 6 6 7 6 1

5 5 2 7 1 1 3 9 2 2 5 8 8 0 5 5 2 0 1 8 9 8 8

7 6 2 0 1 1 4 1 6 8 0 0 5 4 6 8 7 3 6 5 5 8 0

6 3 3 4 7 1 6 0 3 7 3 4 2 9 1 7 0 3 9 0 7 9 8

6 3 9 6 5 2 2 9 6 1 3 1 2 8 0 1 7 8 2 6 7 9 7

1 7 2 8 9 8 2 2 9 3 6 0 7 0 2 8 8 0 6 9 0 8 7

7 6 8 6 6 0 5 9 3 2 5 2 7 4 6 3 7 8 4 0 5 3 9

7 6 9 1 8 4 8 0 8 2 0 4 1 0 2 1 9 4 4 7 1 9 7

1 3 8 6 9 2 5 6 0 8 4 1 6 2 4 5 1 1 2 3 9 8 0

6 2 0 1 1 3 1 8 4 5 4 1 2 4 4 7 8 2 0 5 0 1 1

0 7 9 8 7 6 0 7 1 7 1 5 5 6 8 3 1 5 4 0 7 8 8

6 5 4 3 9 0 4 1 2 1 0 8 7 3 0 3 2 4 0 2 0 1 0

6 8 5 3 4 1 9 4 7 2 3 0 4 7 6 6 6 6 7 2 1 7 4

9 8 6 9 8 6 8 5 4 7 0 7 6 7 8 1 2 0 5 1 2 4 7

3 6 7 9 2 4 7 9 1 9 3 1 5 0 8 5 6 4 4 4 7 7 5

3 7 9 8 5 3 7 9 9 7 3 2 2 3 4 4 5 6 1 2 2 7 8

5 8 4 3 2 9 6 8 4 6 6 4 7 5 1 3 3 3 6 5 7 3 6

9 2 3 8 7 2 0 1 4 6 4 7 2 3 6 7 9 4 2 7 8 7 0

0 4 2 5 0 3 2 5 5 5 8 9 9 2 6 8 8 4 3 4 9 5 9

2 8 7 6 1 2 4 0 0 7 5 5 8 7 5 6 9 4 6 4 1 3 7

0 5 6 2 5 1 4 0 0 1 1 7 9 7 1 3 3 1 6 6 2 0 7

1 5 3 7 1 5 4 3 6 0 0 6 8 7 6 4 7 7 3 1 8 6 7

5 5 8 7 1 4 8 7 8 3 9 8 9 0 8 1 0 7 4 2 9 5 3

0 9 4 1 0 6 0 5 9 6 9 4 4 3 1 5 8 4 7 7 5 3 9

7 0 0 9 4 3 9 8 8 3 9 4 9 1 4 4 3 2 3 5 3 6 6

8 5 3 9 2 0 9 9 4 6 8 7 9 6 4 5 0 6 6 5 3 3 9

8 5 7 3 8 8 8 7 8 6 6 1 4 7 6 2 9 4 4 3 4 1 4

0 1 0 4 9 8 8 8 9 9 3 1 6 0 0 5 1 2 0 7 6 7 8
1 0 3 5 8 8 6 1 1 6 6 0 2 0 2 9 6 1 1 9 3 6 3
9 6 8 2 1 3 4 9 6 0 7 5 0 1 1 1 6 4 9 8 3 2 7
8 5 6 3 5 3 1 6 1 4 5 1 6 8 4 5 7 6 9 5 6 8 7
1 0 9 0 0 2 9 9 9 7 6 9 8 4 1 2 6 3 2 6 6 5 0
2 3 4 7 7 1 6 7 2 8 6 5 7 3 7 8 5 7 9 0 8 5 7
4 6 4 6 0 7 7 2 2 8 3 4 1 5 4 0 3 1 1 4 4 1
5 2 9 4 1 8 8 0 4 7 8 2 5 4 3 8 7 6 1 7 7 0 7
9 0 4 3 0 0 0 1 5 6 6 9 8 6 7 7 6 7 9 5 7 6 0
9 0 9 9 6 6 9 3 6 0 7 5 5 9 4 9 6 5 1 5 2 7 3
6 3 4 9 8 1 1 8 9 6 4 1 3 0 4 3 3 1 1 6 6 2 7
7 4 7 1 2 3 3 8 8 1 7 4 0 6 0 3 7 3 1 7 4 3 9
7 0 5 4 0 6 7 0 3 1 0 9 6 7 6 7 6 5 7 4 8 6 9
5 3 5 8 7 8 9 6 7 0 0 3 1 9 2 5 8 6 6 2 5 9 4
1 0 5 1 0 5 3 3 5 8 4 3 8 4 6 5 6 0 2 3 3 9 1
7 9 6 7 4 9 2 6 7 8 4 4 7 6 3 7 0 8 4 7 4 9 7
8 3 3 3 6 5 5 5 7 9 0 0 7 3 8 4 1 9 1 4 7 3 1
9 8 8 6 2 7 1 3 5 2 5 9 5 4 6 2 5 1 8 1 6 0 4
3 4 2 2 5 3 7 2 9 9 6 2 8 6 3 2 6 7 4 9 6 8 2
4 0 5 8 0 6 0 2 9 6 4 2 1 1 4 6 3 8 6 4 3 6 8
6 4 2 2 4 7 2 4 8 8 7 2 8 3 4 3 4 1 7 0 4 4 1

5 7 3 4 8 2 4 8 1 8 3 3 3 0 1 6 4 0 5 6 6 9 5

9 6 6 8 8 6 6 7 6 9 5 6 3 4 9 1 4 1 6 3 2 8 4

2 6 4 1 4 9 7 4 5 3 3 3 4 9 9 9 9 4 8 0 0 0 2

6 6 9 9 8 7 5 8 8 8 1 5 9 3 5 0 7 3 5 7 8 1 5

1 9 5 8 8 9 9 0 0 5 3 9 5 1 2 0 8 5 3 5 1 0 3

5 7 2 6 1 3 7 3 6 4 0 3 4 3 6 7 5 3 4 7 1 4 1

0 4 8 3 6 0 1 7 5 4 6 4 8 8 3 0 0 4 0 7 8 4 6

4 1 6 7 4 5 2 1 6 7 3 7 1 9 0 4 8 3 1 0 9 6 7

6 7 1 1 3 4 4 3 4 9 4 8 1 9 2 6 2 6 8 1 1 1 0

7 3 9 9 4 8 2 5 0 6 0 7 3 9 4 9 5 0 7 3 5 0 3

1 6 9 0 1 9 7 3 1 8 5 2 1 1 9 5 5 2 6 3 5 6 3

2 5 8 4 3 3 9 0 9 9 8 2 2 4 9 8 6 2 4 0 6 7 0

3 1 0 7 6 8 3 1 8 4 4 6 6 0 7 2 9 1 2 4 8 7 4

7 5 4 0 3 1 6 1 7 9 6 9 9 4 1 1 3 9 7 3 8 7 7

6 5 8 9 9 8 6 8 5 5 4 1 7 0 3 1 8 8 4 7 7 8 8

6 7 5 9 2 9 0 2 6 0 7 0 0 4 3 2 1 2 6 6 6 1 7

9 1 9 2 2 3 5 2 0 9 3 8 2 2 7 8 7 8 8 8 0 9 8

8 6 3 3 5 9 9 1 1 6 0 8 1 9 2 3 5 3 5 5 5 7 0

4 6 4 6 3 4 9 1 1 3 2 0 8 5 9 1 8 9 7 9 6 1 3

2 7 9 1 3 1 9 7 5 6 4 9 0 9 7 6 0 0 0 1 3 9 9

6 2 3 4 4 4 5 5 3 5 0 1 4 3 4 6 4 2 6 8 6 0 4

6 4 4 9 5 8 6 2 4 7 6 9 0 9 4 3 4 7 0 4 8 2 9

3 2 9 4 1 4 0 4 1 1 1 4 6 5 4 0 9 2 3 9 8 8 3

4 4 4 3 5 1 5 9 1 3 3 2 0 1 0 7 7 3 9 4 4 1 1

1 8 4 0 7 4 1 0 7 6 8 4 9 8 1 0 6 6 3 4 7 2 4

1 0 4 8 2 3 9 3 5 8 2 7 4 0 1 9 4 4 9 3 5 6 6

5 1 6 1 0 8 8 4 6 3 1 2 5 6 7 8 5 2 9 7 7 6 9

7 3 4 6 8 4 3 0 3 0 6 1 4 6 2 4 1 8 0 3 5 8 5

2 9 3 3 1 5 9 7 3 4 5 8 3 0 3 8 4 5 5 4 1 0 3

3 7 0 1 0 9 1 6 7 6 7 7 6 3 7 4 2 7 6 2 1 0 2

1 3 7 0 1 3 5 4 8 5 4 4 5 0 9 2 6 3 0 7 1 9 0

1 1 4 7 3 1 8 4 8 5 7 4 9 2 3 3 1 8 1 6 7 2 0

7 2 1 3 7 2 7 9 3 5 5 6 7 9 5 2 8 4 4 3 9 2 5

4 8 1 5 6 0 9 1 3 7 2 8 1 2 8 4 0 6 3 3 3 0 3

9 3 7 3 5 6 2 4 2 0 0 1 6 0 4 5 6 6 4 5 5 7 4

1 4 5 8 8 1 6 6 0 5 2 1 6 6 6 0 8 7 3 8 7 4 8

0 4 7 2 4 3 3 9 1 2 1 2 9 5 5 8 7 7 7 6 3 9 0

6 9 6 9 0 3 7 0 7 8 8 2 8 5 2 7 7 5 3 8 9 4 0

5 2 4 6 0 7 5 8 4 9 6 2 3 1 5 7 4 3 6 9 1 7 1

1 3 1 7 6 1 3 4 7 8 3 8 8 2 7 1 9 4 1 6 8 6 0

6 6 2 5 7 2 1 0 3 6 8 5 1 3 2 1 5 6 6 4 7 8 0

0 1 4 7 6 7 5 2 3 1 0 3 9 3 5 7 8 6 0 6 8 9 6

1 1 1 2 5 9 9 6 0 2 8 1 8 3 9 3 0 9 5 4 8 7 0
9 0 5 9 0 7 3 8 6 1 3 5 1 9 1 4 5 9 1 8 1 9 5
1 0 2 9 7 3 2 7 8 7 5 5 7 1 0 4 9 7 2 9 0 1 1
4 8 7 1 7 1 8 9 7 1 8 0 0 4 6 9 6 1 6 9 7 7 7
0 0 1 7 9 1 3 9 1 9 6 1 3 7 9 1 4 1 7 1 6 2 7
0 7 0 1 8 9 5 8 4 6 9 2 1 4 3 4 3 6 9 6 7 6 2
9 2 7 4 5 9 1 0 9 9 4 0 0 6 0 0 8 4 9 8 3 5 6
8 4 2 5 2 0 1 9 1 5 5 9 3 7 0 3 7 0 1 0 1 1 0
4 9 7 4 7 3 3 9 4 9 3 8 7 7 8 8 5 9 8 9 4 1 7
4 3 3 0 3 1 7 8 5 3 4 8 7 0 7 6 0 3 2 2 1 9 8
2 9 7 0 5 7 9 7 5 1 1 9 1 4 4 0 5 1 0 9 9 4 2
3 5 8 8 3 0 3 4 5 4 6 3 5 3 4 9 2 3 4 9 8 2 6
8 8 3 6 2 4 0 4 3 3 2 7 2 6 7 4 1 5 5 4 0 3 0
1 6 1 9 5 0 5 6 8 0 6 5 4 1 8 0 9 3 9 4 0 9 9
8 2 0 2 0 6 0 9 9 9 4 1 4 0 2 1 6 8 9 0 9 0 0
7 0 8 2 1 3 3 0 7 2 3 0 8 9 6 6 2 1 1 9 7 7 5
5 3 0 6 6 5 9 1 8 8 1 4 1 1 9 1 5 7 7 8 3 6 2
7 2 9 2 7 4 6 1 5 6 1 8 5 7 1 0 3 7 2 1 7 2 4
7 1 0 0 9 5 2 1 4 2 3 6 9 6 4 8 3 0 8 6 4 1 0
2 5 9 2 8 8 7 4 5 7 9 9 9 3 2 2 3 7 4 9 5 5 1
9 1 2 2 1 9 5 1 9 0 3 4 2 4 4 5 2 3 0 7 5 3 5

1 3 3 8 0 6 8 5 6 8 0 7 3 5 4 4 6 4 9 9 5 1 2
7 2 0 3 1 7 4 4 8 7 1 9 5 4 0 3 9 7 6 1 0 7 3
0 8 0 6 0 2 6 9 9 0 6 2 5 8 0 7 6 0 2 0 2 9 2
7 3 1 4 5 5 2 5 2 0 7 8 0 7 9 9 1 4 1 8 4 2 9
0 6 3 8 8 4 4 3 7 3 4 9 9 6 8 1 4 5 8 2 7 3 3
7 2 0 7 2 6 6 3 9 1 7 6 7 0 2 0 1 1 8 3 0 0 4
6 4 8 1 9 0 0 0 2 4 1 3 0 8 3 5 0 8 8 4 6 5 8
4 1 5 2 1 4 8 9 9 1 2 7 6 1 0 6 5 1 3 7 4 1 5
3 9 4 3 5 6 5 7 2 1 1 3 9 0 3 2 8 5 7 4 9 1 8
7 6 9 0 9 4 4 1 3 7 0 2 0 9 0 5 1 7 0 3 1 4 8
7 7 7 3 4 6 1 6 5 2 8 7 9 8 4 8 2 3 5 3 3 8 2
9 7 2 6 0 1 3 6 1 1 0 9 8 4 5 1 4 8 4 1 8 2 3
8 0 8 1 2 0 5 4 0 9 9 6 1 2 5 2 7 4 5 8 0 8 8
1 0 9 9 4 8 6 9 7 2 2 1 6 1 2 8 5 2 4 8 9 7 4
2 5 5 5 5 5 1 6 0 7 6 3 7 1 6 7 5 0 5 4 8 9 6
1 7 3 0 1 6 8 0 9 6 1 3 8 0 3 8 1 1 9 1 4 3 6
1 1 4 3 9 9 2 1 0 6 3 8 0 0 5 0 8 3 2 1 4 0 9
8 7 6 0 4 5 9 9 3 0 9 3 2 4 8 5 1 0 2 5 1 6 8
2 9 4 4 6 7 2 6 0 6 6 6 1 3 8 1 5 1 7 4 5 7 1
2 5 5 9 7 5 4 9 5 3 5 8 0 2 3 9 9 8 3 1 4 6 9
8 2 2 0 3 6 1 3 3 8 0 8 2 8 4 9 9 3 5 6 7 0 5

5 7 5 5 2 4 7 1 2 9 0 2 7 4 5 3 9 7 7 6 2 1 4

0 4 9 3 1 8 2 0 1 4 6 5 8 0 0 8 0 2 1 5 6 6 5

3 6 0 6 7 7 6 5 5 0 8 7 8 3 8 0 4 3 0 4 1 3 4

3 1 0 5 9 1 8 0 4 6 0 6 8 0 0 8 3 4 5 9 1 1 3

6 6 4 0 8 3 4 8 8 7 4 0 8 0 0 5 7 4 1 2 7 2 5

8 6 7 0 4 7 9 2 2 5 8 3 1 9 1 2 7 4 1 5 7 3 9

0 8 0 9 1 4 3 8 3 1 3 8 4 5 6 4 2 4 1 5 0 9 4

0 8 4 9 1 3 3 9 1 8 0 9 6 8 4 0 2 5 1 1 6 3 9

9 1 9 3 6 8 5 3 2 2 5 5 5 7 3 3 8 9 6 6 9 5 3

7 4 9 0 2 6 6 2 0 9 2 3 2 6 1 3 1 8 8 5 5 8 9

1 5 8 0 8 3 2 4 5 5 5 7 1 9 4 8 4 5 3 8 7 5 6

2 8 7 8 6 1 2 8 8 5 9 0 0 4 1 0 6 0 0 6 0 7 3

7 4 6 5 0 1 4 0 2 6 2 7 8 2 4 0 2 7 3 4 6 9 6

2 5 2 8 2 1 7 1 7 4 9 4 1 5 8 2 3 3 1 7 4 9 2

3 9 6 8 3 5 3 0 1 3 6 1 7 8 6 5 3 6 7 3 7 6 0

6 4 2 1 6 6 7 7 8 1 3 7 7 3 9 9 5 1 0 0 6 5 8

9 5 2 8 8 7 7 4 2 7 6 6 2 6 3 6 8 4 1 8 3 0 6

8 0 1 9 0 8 0 4 6 0 9 8 4 9 8 0 9 4 6 9 7 6 3

6 6 7 3 3 5 6 6 2 2 8 2 9 1 5 1 3 2 3 5 2 7 8

8 8 0 6 1 5 7 7 6 8 2 7 8 1 5 9 5 8 8 6 6 9 1

8 0 2 3 8 9 4 0 3 3 3 0 7 6 4 4 1 9 1 2 4 0 3

4 1 2 0 2 2 3 1 6 3 6 8 5 7 7 8 6 0 3 5 7 2 7

6 9 4 1 5 4 1 7 7 8 8 2 6 4 3 5 2 3 8 1 3 1 9

0 5 0 2 8 0 8 7 0 1 8 5 7 5 0 4 7 0 4 6 3 1 2

9 3 3 3 5 3 7 5 7 2 8 5 3 8 6 6 0 5 8 8 8 9 0

4 5 8 3 1 1 1 4 5 0 7 7 3 9 4 2 9 3 5 2 0 1 9

9 4 3 2 1 9 7 1 1 7 1 6 4 2 2 3 5 0 0 5 6 4 4

0 4 2 9 7 9 8 9 2 0 8 1 5 9 4 3 0 7 1 6 7 0 1

9 8 5 7 4 6 9 2 7 3 8 4 8 6 5 3 8 3 3 4 3 6 1

4 5 7 9 4 6 3 4 1 7 5 9 2 2 5 7 3 8 9 8 5 8 8

0 0 1 6 9 8 0 1 4 7 5 7 4 2 0 5 4 2 9 9 5 8 0

1 2 4 2 9 5 8 1 0 5 4 5 6 5 1 0 8 3 1 0 4 6 2

9 7 2 8 2 9 3 7 5 8 4 1 6 1 1 6 2 5 3 2 5 6 2

5 1 6 5 7 2 4 9 8 0 7 8 4 9 2 0 9 9 8 9 7 9 9

0 6 2 0 0 3 5 9 3 6 5 0 9 9 3 4 7 2 1 5 8 2 9

6 5 1 7 4 1 3 5 7 9 8 4 9 1 0 4 7 1 1 1 6 6 0

7 9 1 5 8 7 4 3 6 9 8 6 5 4 1 2 2 2 3 4 8 3 4

1 8 8 7 7 2 2 9 2 9 4 4 6 3 3 5 1 7 8 6 5 3 8

5 6 7 3 1 9 6 2 5 5 9 8 5 2 0 2 6 0 7 2 9 4 7

6 7 4 0 7 2 6 1 6 7 6 7 1 4 5 5 7 3 6 4 9 8 1

2 1 0 5 6 7 7 7 1 6 8 9 3 4 8 4 9 1 7 6 6 0 7

7 1 7 0 5 2 7 7 1 8 7 6 0 1 1 9 9 9 0 8 1 4 4

1 1 3 0 5 8 6 4 5 5 7 7 9 1 0 5 2 5 6 8 4 3 0

4 8 1 1 4 4 0 2 6 1 9 3 8 4 0 2 3 2 2 4 7 0 9

3 9 2 4 9 8 0 2 9 3 3 5 5 0 7 3 1 8 4 5 8 9 0

3 5 5 3 9 7 1 3 3 0 8 8 4 4 6 1 7 4 1 0 7 9 5

9 1 6 2 5 1 1 7 1 4 8 6 4 8 7 4 4 6 8 6 1 1 2

4 7 6 0 5 4 2 8 6 7 3 4 3 6 7 0 9 0 4 6 6 7 8

4 6 8 6 7 0 2 7 4 0 9 1 8 8 1 0 1 4 2 4 9 7 1

1 1 4 9 6 5 7 8 1 7 7 2 4 2 7 9 3 4 7 0 7 0 2

1 6 6 8 8 2 9 5 6 1 0 8 7 7 7 9 4 4 0 5 0 4 8

4 3 7 5 2 8 4 4 3 3 7 5 1 0 8 8 2 8 2 6 4 7 7

1 9 7 8 5 4 0 0 0 6 5 0 9 7 0 4 0 3 3 0 2 1 8

6 2 5 5 6 1 4 7 3 3 2 1 1 7 7 7 1 1 7 4 4 1 3

3 5 0 2 8 1 6 0 8 8 4 0 3 5 1 7 8 1 4 5 2 5 4

1 9 6 4 3 2 0 3 0 9 5 7 6 0 1 8 6 9 4 6 4 9 0

8 8 6 8 1 5 4 5 2 8 5 6 2 1 3 4 6 9 8 8 3 5 5

4 4 4 5 6 0 2 4 9 5 5 6 6 6 8 4 3 6 6 0 2 9 2

2 1 9 5 1 2 4 8 3 0 9 1 0 6 0 5 3 7 7 2 0 1 9

8 0 2 1 8 3 1 0 1 0 3 2 7 0 4 1 7 8 3 8 6 6 5

4 4 7 1 8 1 2 6 0 3 9 7 1 9 0 6 8 8 4 6 2 3 7

0 8 5 7 5 1 8 0 8 0 0 3 5 3 2 7 0 4 7 1 8 5 6

5 9 4 9 9 4 7 6 1 2 4 2 4 8 1 1 0 9 9 9 2 8 8

6 7 9 1 5 8 9 6 9 0 4 9 5 6 3 9 4 7 6 2 4 6 0

8 4 2 4 0 6 5 9 3 0 9 4 8 6 2 1 5 0 7 6 9 0 3

1 4 9 8 7 0 2 0 6 7 3 5 3 3 8 4 8 3 4 9 5 5 0

8 3 6 3 6 6 0 1 7 8 4 8 7 7 1 0 6 0 8 0 9 8 0

4 2 6 9 2 4 7 1 3 2 4 1 0 0 0 9 4 6 4 0 1 4 3

7 3 6 0 3 2 6 5 6 4 5 1 8 4 5 6 6 7 9 2 4 5 6

6 6 9 5 5 1 0 0 1 5 0 2 2 9 8 3 3 0 7 9 8 4 9

6 0 7 9 9 4 9 8 8 2 4 9 7 0 6 1 7 2 3 6 7 4 4

9 3 6 1 2 2 6 2 2 2 9 6 1 7 9 0 8 1 4 3 1 1 4

1 4 6 6 0 9 4 1 2 3 4 1 5 9 3 5 9 3 0 9 5 8 5

4 0 7 9 1 3 9 0 8 7 2 0 8 3 2 2 7 3 3 5 4 9 5

7 2 0 8 0 7 5 7 1 6 5 1 7 1 8 7 6 5 9 9 4 4 9

8 5 6 9 3 7 9 5 6 2 3 8 7 5 5 5 1 6 1 7 5 7 5

4 3 8 0 9 1 7 8 0 5 2 8 0 2 9 4 6 4 2 0 0 4 4

7 2 1 5 3 9 6 2 8 0 7 4 6 3 6 0 2 1 1 3 2 9 4

2 5 5 9 1 6 0 0 2 5 7 0 7 3 5 6 2 8 1 2 6 3 8

7 3 3 1 0 6 0 0 5 8 9 1 0 6 5 2 4 5 7 0 8 0 2

4 4 7 4 9 3 7 5 4 3 1 8 4 1 4 9 4 0 1 4 8 2 1

1 9 9 9 6 2 7 6 4 5 3 1 0 6 8 0 0 6 6 3 1 1 8

3 8 2 3 7 6 1 6 3 9 6 6 3 1 8 0 9 3 1 4 4 4 6

7 1 2 9 8 6 1 5 5 2 7 5 9 8 2 0 1 4 5 1 4 1 0

2 7 5 6 0 0 6 8 9 2 9 7 5 0 2 4 6 3 0 4 0 1 7
3 5 1 4 8 9 1 9 4 5 7 6 3 6 0 7 8 9 3 5 2 8 5
5 5 0 5 3 1 7 3 3 1 4 1 6 4 5 7 0 5 0 4 9 9 6
4 4 3 8 9 0 9 3 6 3 0 8 4 3 8 7 4 4 8 4 7 8 3
9 6 1 6 8 4 0 5 1 8 4 5 2 7 3 2 8 8 4 0 3 2 3
4 5 2 0 2 4 7 0 5 6 8 5 1 6 4 6 5 7 1 6 4 7 7
1 3 9 3 2 3 7 7 5 5 1 7 2 9 4 7 9 5 1 2 6 1 3
2 3 9 8 2 2 9 6 0 2 3 9 4 5 4 8 5 7 9 7 5 4 5
8 6 5 1 7 4 5 8 7 8 7 7 1 3 3 1 8 1 3 8 7 5 2
9 5 9 8 0 9 4 1 2 1 7 4 2 2 7 3 0 0 3 5 2 2 9
6 5 0 8 0 8 9 1 7 7 7 0 5 0 6 8 2 5 9 2 4 8 8
2 2 3 2 2 1 5 4 9 3 8 0 4 8 3 7 1 4 5 4 7 8 1
6 4 7 2 1 3 9 7 6 8 2 0 9 6 3 3 2 0 5 0 8 3 0
5 6 4 7 9 2 0 4 8 2 0 8 5 9 2 0 4 7 5 4 9 9 8
5 7 3 2 0 3 8 8 8 7 6 3 9 1 6 0 1 9 9 5 2 4 0
9 1 8 9 3 8 9 4 5 5 7 6 7 6 8 7 4 9 7 3 0 8 5
6 9 5 5 9 5 8 0 1 0 6 5 9 5 2 6 5 0 3 0 3 6 2
6 6 1 5 9 7 5 0 6 6 2 2 2 5 0 8 4 0 6 7 4 2 8
8 9 8 2 6 5 9 0 7 5 1 0 6 3 7 5 6 3 5 6 9 9 6
8 2 1 1 5 1 0 9 4 9 6 6 9 7 4 4 5 8 0 5 4 7 2
8 8 6 9 3 6 3 1 0 2 0 3 6 7 8 2 3 2 5 0 1 8 2

3 2 3 7 0 8 4 5 9 7 9 0 1 1 1 5 4 8 4 7 2 0 8

7 6 1 8 2 1 2 4 7 7 8 1 3 2 6 6 3 3 0 4 1 2 0

7 6 2 1 6 5 8 7 3 1 2 9 7 0 8 1 1 2 3 0 7 5 8

1 5 9 8 2 1 2 4 8 6 3 9 8 0 7 2 1 2 4 0 7 8 6

8 8 7 8 1 1 4 5 0 1 6 5 5 8 2 5 1 3 6 1 7 8 9

0 3 0 7 0 8 6 0 8 7 0 1 9 8 9 7 5 8 8 9 8 0 7

4 5 6 6 4 3 9 5 5 1 5 7 4 1 5 3 6 3 1 9 3 1 9

1 9 8 1 0 7 0 5 7 5 3 3 6 6 3 3 7 3 8 0 3 8 2

7 2 1 5 2 7 9 8 8 4 9 3 5 0 3 9 7 4 8 0 0 1 5

8 9 0 5 1 9 4 2 0 8 7 9 7 1 1 3 0 8 0 5 1 2 3

3 9 3 3 2 2 1 9 0 3 4 6 6 2 4 9 9 1 7 1 6 9 1

5 0 9 4 8 5 4 1 4 0 1 8 7 1 0 6 0 3 5 4 6 0 3

7 9 4 6 4 3 3 7 9 0 0 5 8 9 0 9 5 7 7 2 1 1 8

0 8 0 4 4 6 5 7 4 3 9 6 2 8 0 6 1 8 6 7 1 7 8

6 1 0 1 7 1 5 6 7 4 0 9 6 7 6 6 2 0 8 0 2 9 5

7 6 6 5 7 7 0 5 1 2 9 1 2 0 9 9 0 7 9 4 4 3 0

4 6 3 2 8 9 2 9 4 7 3 0 6 1 5 9 5 1 0 4 3 0 9

0 2 2 2 1 4 3 9 3 7 1 8 4 9 5 6 0 6 3 4 0 5 6

1 8 9 3 4 2 5 1 3 0 5 7 2 6 8 2 9 1 4 6 5 7 8

3 2 9 3 3 4 0 5 2 4 6 3 5 0 2 8 9 2 9 1 7 5 4

7 0 8 7 2 5 6 4 8 4 2 6 0 0 3 4 9 6 2 9 6 1 1

6 5 4 1 3 8 2 3 0 0 7 7 3 1 3 3 2 7 2 9 8 3 0
5 0 0 1 6 0 2 5 6 7 2 4 0 1 4 1 8 5 1 5 2 0 4
1 8 9 0 7 0 1 1 5 4 2 8 8 5 7 9 9 2 0 8 1 2 1
9 8 4 4 9 3 1 5 6 9 9 9 0 5 9 1 8 2 0 1 1 8 1
9 7 3 3 5 0 0 1 2 6 1 8 7 7 2 8 0 3 6 8 1 2 4
8 1 9 9 5 8 7 7 0 7 0 2 0 7 5 3 2 4 0 6 3 6 1
2 5 9 3 1 3 4 3 8 5 9 5 5 4 2 5 4 7 7 8 1 9 6
1 1 4 2 9 3 5 1 6 3 5 6 1 2 2 3 4 9 6 6 6 1 5
2 2 6 1 4 7 3 5 3 9 9 6 7 4 0 5 1 5 8 4 9 9 8
6 0 3 5 5 2 9 5 3 3 2 9 2 4 5 7 5 2 3 8 8 8 1
0 1 3 6 2 0 2 3 4 7 6 2 4 6 6 9 0 5 5 8 1 6 4
3 8 9 6 7 8 6 3 0 9 7 6 2 7 3 6 5 5 0 4 7 2 4
3 4 8 6 4 3 0 7 1 2 1 8 4 9 4 3 7 3 4 8 5 3 0
0 6 0 6 3 8 7 6 4 4 5 6 6 2 7 2 1 8 6 6 6 1 7
0 1 2 3 8 1 2 7 7 1 5 6 2 1 3 7 9 7 4 6 1 4 9
8 6 1 3 2 8 7 4 4 1 1 7 7 1 4 5 5 2 4 4 4 7 0
8 9 9 7 1 4 4 5 2 2 8 8 5 6 6 2 9 4 2 4 4 0 2
3 0 1 8 4 7 9 1 2 0 5 4 7 8 4 9 8 5 7 4 5 2 1
6 3 4 6 9 6 4 4 8 9 7 3 8 9 2 0 6 2 4 0 1 9 4
3 5 1 8 3 1 0 0 8 8 2 8 3 4 8 0 2 4 9 2 4 9 0
8 5 4 0 3 0 7 7 8 6 3 8 7 5 1 6 5 9 1 1 3 0 2

8 7 3 9 5 8 7 8 7 0 9 8 1 0 0 7 7 2 7 1 8 2 7

1 8 7 4 5 2 9 0 1 3 9 7 2 8 3 6 6 1 4 8 4 2 1

4 2 8 7 1 7 0 5 5 3 1 7 9 6 5 4 3 0 7 6 5 0 4

5 3 4 3 2 4 6 0 0 5 3 6 3 6 1 4 7 2 6 1 8 1 8

0 9 6 9 9 7 6 9 3 3 4 8 6 2 6 4 0 7 7 4 3 5 1

9 9 9 2 8 6 8 6 3 2 3 8 3 5 0 8 8 7 5 6 6 8 3

5 9 5 0 9 7 2 6 5 5 7 4 8 1 5 4 3 1 9 4 0 1 9

5 5 7 6 8 5 0 4 3 7 2 4 8 0 0 1 0 2 0 4 1 3 7

4 9 8 3 1 8 7 2 2 5 9 6 7 7 3 8 7 1 5 4 9 5 8

3 9 9 7 1 8 4 4 4 9 0 7 2 7 9 1 4 1 9 6 5 8 4

5 9 3 0 0 8 3 9 4 2 6 3 7 0 2 0 8 7 5 6 3 5 3

9 8 2 1 6 9 6 2 0 5 5 3 2 4 8 0 3 2 1 2 2 6 7

4 9 8 9 1 1 4 0 2 6 7 8 5 2 8 5 9 9 6 7 3 4 0

5 2 4 2 0 3 1 0 9 1 7 9 7 8 9 9 9 0 5 7 1 8 8

2 1 9 4 9 3 9 1 3 2 0 7 5 3 4 3 1 7 0 7 9 8 0

0 2 3 7 3 6 5 9 0 9 8 5 3 7 5 5 2 0 2 3 8 9 1

1 6 4 3 4 6 7 1 8 5 5 8 2 9 0 6 8 5 3 7 1 1 8

9 7 9 5 2 6 2 6 2 3 4 4 9 2 4 8 3 3 9 2 4 9 6

3 4 2 4 4 9 7 1 4 6 5 6 8 4 6 5 9 1 2 4 8 9 1

8 5 5 6 6 2 9 5 8 9 3 2 9 9 0 9 0 3 5 2 3 9 2

3 3 3 3 3 6 4 7 4 3 5 2 0 3 7 0 7 7 0 1 0 1 0

8 4 3 8 8 0 0 3 2 9 0 7 5 9 8 3 4 2 1 7 0 1 8

5 5 4 2 2 8 3 8 6 1 6 1 7 2 1 0 4 1 7 6 0 3 0

1 1 6 4 5 9 1 8 7 8 0 5 3 9 3 6 7 4 4 7 4 7 2

0 5 9 9 8 5 0 2 3 5 8 2 8 9 1 8 3 3 6 9 2 9 2

2 3 3 7 3 2 3 9 9 9 4 8 0 4 3 7 1 0 8 4 1 9 6

5 9 4 7 3 1 6 2 6 5 4 8 2 5 7 4 8 0 9 9 4 8 2

5 0 9 9 9 1 8 3 3 0 0 6 9 7 6 5 6 9 3 6 7 1 5

9 6 8 9 3 6 4 4 9 3 3 4 8 8 6 4 7 4 4 2 1 3 5

0 0 8 4 0 7 0 0 6 6 0 8 8 3 5 9 7 2 3 5 0 3 9

5 3 2 3 4 0 1 7 9 5 8 2 5 5 7 0 3 6 0 1 6 9 3

6 9 9 0 9 8 8 6 7 1 1 3 2 1 0 9 7 9 8 8 9 7 0

7 0 5 1 7 2 8 0 7 5 5 8 5 5 1 9 1 2 6 9 9 3 0

6 7 3 0 9 9 2 5 0 7 0 4 0 7 0 2 4 5 5 6 8 5 0

7 7 8 6 7 9 0 6 9 4 7 6 6 1 2 6 2 9 8 0 8 2 2

5 1 6 3 3 1 3 6 3 9 9 5 2 1 1 7 0 9 8 4 5 2 8

0 9 2 6 3 0 3 7 5 9 2 2 4 2 6 7 4 2 5 7 5 5 9

9 8 9 2 8 9 2 7 8 3 7 0 4 7 4 4 4 5 2 1 8 9 3

6 3 2 0 3 4 8 9 4 1 5 5 2 1 0 4 4 5 9 7 2 6 1

8 8 3 8 0 0 3 0 0 6 7 7 6 1 7 9 3 1 3 8 1 3 9

9 1 6 2 0 5 8 0 6 2 7 0 1 6 5 1 0 2 4 4 5 8 8

6 9 2 4 7 6 4 9 2 4 6 8 9 1 9 2 4 6 1 2 1 2 5

3 1 0 2 7 5 7 3 1 3 9 0 8 4 0 4 7 0 0 0 7 1 4

3 5 6 1 3 6 2 3 1 6 9 9 2 3 7 1 6 9 4 8 4 8 1

3 2 5 5 4 2 0 0 9 1 4 5 3 0 4 1 0 3 7 1 3 5 4

5 3 2 9 6 6 2 0 6 3 9 2 1 0 5 4 7 9 8 2 4 3 9

2 1 2 5 1 7 2 5 4 0 1 3 2 3 1 4 9 0 2 7 4 0 5

8 5 8 9 2 0 6 3 2 1 7 5 8 9 4 9 4 3 4 5 4 8 9

0 6 8 4 6 3 9 9 3 1 3 7 5 7 0 9 1 0 3 4 6 3 3

2 7 1 4 1 5 3 1 6 2 2 3 2 8 0 5 5 2 2 9 7 2 9

7 9 5 3 8 0 1 8 8 0 1 6 2 8 5 9 0 7 3 5 7 2 9

5 5 4 1 6 2 7 8 8 6 7 6 4 9 8 2 7 4 1 8 6 1 6

4 2 1 8 7 8 9 8 8 5 7 4 1 0 7 1 6 4 9 0 6 9 1

9 1 8 5 1 1 6 2 8 1 5 2 8 5 4 8 6 7 9 4 1 7 3

6 3 8 9 0 6 6 5 3 8 8 5 7 6 4 2 2 9 1 5 8 3 4

2 5 0 0 6 7 3 6 1 2 4 5 3 8 4 9 1 6 0 6 7 4 1

3 7 3 4 0 1 7 3 5 7 2 7 7 9 9 5 6 3 4 1 0 4 3

3 2 6 8 8 3 5 6 9 5 0 7 8 1 4 9 3 1 3 7 8 0 0

7 3 6 2 3 5 4 1 8 0 0 7 0 6 1 9 1 8 0 2 6 7 3

2 8 5 5 1 1 9 1 9 4 2 6 7 6 0 9 1 2 2 1 0 3 5

9 8 7 4 6 9 2 4 1 1 7 2 8 3 7 4 9 3 1 2 6 1 6

3 3 9 5 0 0 1 2 3 9 5 9 9 2 4 0 5 0 8 4 5 4 3

7 5 6 9 8 5 0 7 9 5 7 0 4 6 2 2 2 6 6 4 6 1 9

0 0 0 1 0 3 5 0 0 4 9 0 1 8 3 0 3 4 1 5 3 5 4

5 8 4 2 8 3 3 7 6 4 3 7 8 1 1 1 9 8 8 5 5 6 3

1 8 7 7 7 7 9 2 5 3 7 2 0 1 1 6 6 7 1 8 5 3 9

5 4 1 8 3 5 9 8 4 4 3 8 3 0 5 2 0 3 7 6 2 8 1

9 4 4 0 7 6 1 5 9 4 1 0 6 8 2 0 7 1 6 9 7 0 3

0 2 2 8 5 1 5 2 2 5 0 5 7 3 1 2 6 0 9 3 0 4 6

8 9 8 4 2 3 4 3 3 1 5 2 7 3 2 1 3 1 3 6 1 2 1

6 5 8 2 8 0 8 0 7 5 2 1 2 6 3 1 5 4 7 7 3 0 6

0 4 4 2 3 7 7 4 7 5 3 5 0 5 9 5 2 2 8 7 1 7 4

4 0 2 6 6 6 3 8 9 1 4 8 8 1 7 1 7 3 0 8 6 4 3

6 1 1 1 3 8 9 0 6 9 4 2 0 2 7 9 0 8 8 1 4 3 1

1 9 4 4 8 7 9 9 4 1 7 1 5 4 0 4 2 1 0 3 4 1 2

1 9 0 8 4 7 0 9 4 0 8 0 2 5 4 0 2 3 9 3 2 9 4

2 9 4 5 4 9 3 8 7 8 6 4 0 2 3 0 5 1 2 9 2 7 1

1 9 0 9 7 5 1 3 5 3 6 0 0 0 9 2 1 9 7 1 1 0 5

4 1 2 0 9 6 6 8 3 1 1 1 5 1 6 3 2 8 7 0 5 4 2

3 0 2 8 4 7 0 0 7 3 1 2 0 6 5 8 0 3 2 6 2 6 4

1 7 1 1 6 1 6 5 9 5 7 6 1 3 2 7 2 3 5 1 5 6 6

6 6 2 5 3 6 6 7 2 7 1 8 9 9 8 5 3 4 1 9 9 8 9

5 2 3 6 8 8 4 8 3 0 9 9 9 3 0 2 7 5 7 4 1 9 9

1 6 4 6 3 8 4 1 4 2 7 0 7 7 9 8 8 7 0 8 8 7 4

2 2 9 2 7 7 0 5 3 8 9 1 2 2 7 1 7 2 4 8 6 3 2

2 0 2 8 8 9 8 4 2 5 1 2 5 2 8 7 2 1 7 8 2 6 0

3 0 5 0 0 9 9 4 5 1 0 8 2 4 7 8 3 5 7 2 9 0 5

6 9 1 9 8 8 5 5 5 4 6 7 8 8 6 0 7 9 4 6 2 8 0

5 3 7 1 2 2 7 0 4 2 4 6 6 5 4 3 1 9 2 1 4 5 2

8 1 7 6 0 7 4 1 4 8 2 4 0 3 8 2 7 8 3 5 8 2 9

7 1 9 3 0 1 0 1 7 8 8 8 3 4 5 6 7 4 1 6 7 8 1

1 3 9 8 9 5 4 7 5 0 4 4 8 3 3 9 3 1 4 6 8 9 6

3 0 7 6 3 3 9 6 6 5 7 2 2 6 7 2 7 0 4 3 3 9 3

2 1 6 7 4 5 4 2 1 8 2 4 5 5 7 0 6 2 5 2 4 7 9

7 2 1 9 9 7 8 6 6 8 5 4 2 7 9 8 9 7 7 9 9 2 3

3 9 5 7 9 0 5 7 5 8 1 8 9 0 6 2 2 5 2 5 4 7 3

5 8 2 2 0 5 2 3 6 4 2 4 8 5 0 7 8 3 4 0 7 1 1

0 1 4 4 9 8 0 4 7 8 7 2 6 6 9 1 9 9 0 1 8 6 4

3 8 8 2 2 9 3 2 3 0 5 3 8 2 3 1 8 5 5 9 7 3 2

8 6 9 7 8 0 9 2 2 2 5 3 5 2 9 5 9 1 0 1 7 3 4

1 4 0 7 3 3 4 8 8 4 7 6 1 0 0 5 5 6 4 0 1 8 2

4 2 3 9 2 1 9 2 6 9 5 0 6 2 0 8 3 1 8 3 8 1 4

5 4 6 9 8 3 9 2 3 6 6 4 6 1 3 6 3 9 8 9 1 0 1

2 1 0 2 1 7 7 0 9 5 9 7 6 7 0 4 9 0 8 3 0 5 0

8 1 8 5 4 7 0 4 1 9 4 6 6 4 3 7 1 3 1 2 2 9 9

6 9 2 3 5 8 8 9 5 3 8 4 9 3 0 1 3 6 3 5 6 5 7

6 1 8 6 1 0 6 0 6 2 2 2 8 7 0 5 5 9 9 4 2 3 3

7 1 6 3 1 0 2 1 2 7 8 4 5 7 4 4 6 4 6 3 9 8 9

7 3 8 1 8 8 5 6 6 7 4 6 2 6 0 8 7 9 4 8 2 0 1

8 6 4 7 4 8 7 6 7 2 7 2 7 2 2 2 0 6 2 6 7 6 4

6 5 3 3 8 0 9 9 8 0 1 9 6 6 8 8 3 6 8 0 9 9 4

1 5 9 0 7 5 7 7 6 8 5 2 6 3 9 8 6 5 1 4 6 2 5

3 3 3 6 3 1 2 4 5 0 5 3 6 4 0 2 6 1 0 5 6 9 6

0 5 5 1 3 1 8 3 8 1 3 1 7 4 2 6 1 1 8 4 4 2 0

1 8 9 0 8 8 8 5 3 1 9 6 3 5 6 9 8 6 9 6 2 7 9

5 0 3 6 7 3 8 4 2 4 3 1 3 0 1 1 3 3 1 7 5 3 3

0 5 3 2 9 8 0 2 0 1 6 6 8 8 8 1 7 4 8 1 3 4 2

9 8 8 6 8 1 5 8 5 5 7 7 8 1 0 3 4 3 2 3 1 7 5

3 0 6 4 7 8 4 9 8 3 2 1 0 6 2 9 7 1 8 4 2 5 1

8 4 3 8 5 5 3 4 4 2 7 6 2 0 1 2 8 2 3 4 5 7 0

7 1 6 9 8 8 5 3 0 5 1 8 3 2 6 1 7 9 6 4 1 1 7

8 5 7 9 6 0 8 8 8 8 1 5 0 3 2 9 6 0 2 2 9 0 7

0 5 6 1 4 4 7 6 2 2 0 9 1 5 0 9 4 7 3 9 0 3 5

9 4 6 6 4 6 9 1 6 2 3 5 3 9 6 8 0 9 2 0 1 3 9

4 5 7 8 1 7 5 8 9 1 0 8 8 9 3 1 9 9 2 1 1 2 2

6 0 0 7 3 9 2 8 1 4 9 1 6 9 4 8 1 6 1 5 2 7 3

8 4 2 7 3 6 2 6 4 2 9 8 0 9 8 2 3 4 0 6 3 2 0

0 2 4 4 0 2 4 4 9 5 8 9 4 4 5 6 1 2 9 1 6 7 0

4 9 5 0 8 2 3 5 8 1 2 4 8 7 3 9 1 7 9 9 6 4 8

6 4 1 1 3 3 4 8 0 3 2 4 7 5 7 7 7 5 2 1 9 7 0

8 9 3 2 7 7 2 2 6 2 3 4 9 4 8 6 0 1 5 0 4 6 6

5 2 6 8 1 4 3 9 8 7 7 0 5 1 6 1 5 3 1 7 0 2 6

6 9 6 9 2 9 7 0 4 9 2 8 3 1 6 2 8 5 5 0 4 2 1

2 8 9 8 1 4 6 7 0 6 1 9 5 3 3 1 9 7 0 2 6 9 5

0 7 2 1 4 3 7 8 2 3 0 4 7 6 8 7 5 2 8 0 2 8 7

3 5 4 1 2 6 1 6 6 3 9 1 7 0 8 2 4 5 9 2 5 1 7

0 0 1 0 7 1 4 1 8 0 8 5 4 8 0 0 6 3 6 9 2 3 2

5 9 4 6 2 0 1 9 0 0 2 2 7 8 0 8 7 4 0 9 8 5 9

7 7 1 9 2 1 8 0 5 1 5 8 5 3 2 1 4 7 3 9 2 6 5

3 2 5 1 5 5 9 0 3 5 4 1 0 2 0 9 2 8 4 6 6 5 9

2 5 2 9 9 9 1 4 3 5 3 7 9 1 8 2 5 3 1 4 5 4 5

2 9 0 5 9 8 4 1 5 8 1 7 6 3 7 0 5 8 9 2 7 9 0

6 9 0 9 8 9 6 9 1 1 1 6 4 3 8 1 1 8 7 8 0 9 4

3 5 3 7 1 5 2 1 3 3 2 2 6 1 4 4 3 6 2 5 3 1 4

4 9 0 1 2 7 4 5 4 7 7 2 6 9 5 7 3 9 3 9 3 4 8

1 5 4 6 9 1 6 3 1 1 6 2 4 9 2 8 8 7 3 5 7 4 7

1 8 8 2 4 0 7 1 5 0 3 9 9 5 0 0 9 4 4 6 7 3 1

9 5 4 3 1 6 1 9 3 8 5 5 4 8 5 2 0 7 6 6 5 7 3
8 8 2 5 1 3 9 6 3 9 1 6 3 5 7 6 7 2 3 1 5 1 0
0 5 5 5 6 0 3 7 2 6 3 3 9 4 8 6 7 2 0 8 2 0 7
8 0 8 6 5 3 7 3 4 9 4 2 4 4 0 1 1 5 7 9 9 6 6
7 5 0 7 3 6 0 7 1 1 1 5 9 3 5 1 3 3 1 9 5 9 1
9 7 1 2 0 9 4 8 9 6 4 7 1 7 5 5 3 0 2 4 5 3 1
3 6 4 7 7 0 9 4 2 0 9 4 6 3 5 6 9 6 9 8 2 2 2
6 6 7 3 7 7 5 2 0 9 9 4 5 1 6 8 4 5 0 6 4 3 6
2 3 8 2 4 2 1 1 8 5 3 5 3 4 8 8 7 9 8 9 3 9 5
6 7 3 1 8 7 8 0 6 6 0 6 1 0 7 8 8 5 4 4 0 0 0
5 5 0 8 2 7 6 5 7 0 3 0 5 5 8 7 4 4 8 5 4 1 8
0 5 7 7 8 8 9 1 7 1 9 2 0 7 8 8 1 4 2 3 3 5 1
1 3 8 6 6 2 9 2 9 6 6 7 1 7 9 6 4 3 4 6 8 7 6
0 0 7 7 0 4 7 9 9 9 5 3 7 8 8 3 3 8 7 8 7 0 3
4 8 7 1 8 0 2 1 8 4 2 4 3 7 3 4 2 1 1 2 2 7 3
9 4 0 2 5 5 7 1 7 6 9 0 8 1 9 6 0 3 0 9 2 0 1
8 2 4 0 1 8 8 4 2 7 0 5 7 0 4 6 0 9 2 6 2 2 5
6 4 1 7 8 3 7 5 2 6 5 2 6 3 3 5 8 3 2 4 2 4 0
6 6 1 2 5 3 3 1 1 5 2 9 4 2 3 4 5 7 9 6 5 5 6
9 5 0 2 5 0 6 8 1 0 0 1 8 3 1 0 9 0 0 4 1 1 2
4 5 3 7 9 0 1 5 3 3 2 9 6 6 1 5 6 9 7 0 5 2 2

3 7 9 2 1 0 3 2 5 7 0 6 9 3 7 0 5 1 0 9 0 8 3

0 7 8 9 4 7 9 9 9 9 0 0 4 9 9 9 3 9 5 3 2 2 1

5 3 6 2 2 7 4 8 4 7 6 6 0 3 6 1 3 6 7 7 6 9 7

9 7 8 5 6 7 3 8 6 5 8 4 6 7 0 9 3 6 6 7 9 5 8

8 5 8 3 7 8 8 7 9 5 6 2 5 9 4 6 4 6 4 8 9 1 3

7 6 6 5 2 1 9 9 5 8 8 2 8 6 9 3 3 8 0 1 8 3 6

0 1 1 9 3 2 3 6 8 5 7 8 5 5 8 5 5 8 1 9 5 5 5

6 0 4 2 1 5 6 2 5 0 8 8 3 6 5 0 2 0 3 3 2 2 0

2 4 5 1 3 7 6 2 1 5 8 2 0 4 6 1 8 1 0 6 7 0 5

1 9 5 3 3 0 6 5 3 0 6 0 6 0 6 5 0 1 0 5 4 8 8

7 1 6 7 2 4 5 3 7 7 9 4 2 8 3 1 3 3 8 8 7 1 6

3 1 3 9 5 5 9 6 9 0 5 8 3 2 0 8 3 4 1 6 8 9 8

4 7 6 0 6 5 6 0 7 1 1 8 3 4 7 1 3 6 2 1 8 1 2

3 2 4 6 2 2 7 2 5 8 8 4 1 9 9 0 2 8 6 1 4 2 0

8 7 2 8 4 9 5 6 8 7 9 6 3 9 3 2 5 4 6 4 2 8 5

3 4 3 0 7 5 3 0 1 1 0 5 2 8 5 7 1 3 8 2 9 6 4

3 7 0 9 9 9 0 3 5 6 9 4 8 8 8 5 2 8 5 1 9 0 4

0 2 9 5 6 0 4 7 3 4 6 1 3 1 1 3 8 2 6 3 8 7 8

8 9 7 5 5 1 7 8 8 5 6 0 4 2 4 9 9 8 7 4 8 3 1

6 3 8 2 8 0 4 0 4 6 8 4 8 6 1 8 9 3 8 1 8 9 5

9 0 5 4 2 0 3 9 8 8 9 8 7 2 6 5 0 6 9 7 6 2 0

2 0 1 9 9 5 5 4 8 4 1 2 6 5 0 0 0 5 3 9 4 4 2

8 2 0 3 9 3 0 1 2 7 4 8 1 6 3 8 1 5 8 5 3 0 3

9 6 4 3 9 9 2 5 4 7 0 2 0 1 6 7 2 7 5 9 3 2 8

5 7 4 3 6 6 6 6 1 6 4 4 1 1 0 9 6 2 5 6 6 3 3

7 3 0 5 4 0 9 2 1 9 5 1 9 6 7 5 1 4 8 3 2 8 7

3 4 8 0 8 9 5 7 4 7 7 7 5 2 7 8 3 4 4 2 2 1

0 9 1 0 7 3 1 1 1 3 5 1 8 2 8 0 4 6 0 3 6 3 4

7 1 9 8 1 8 5 6 5 5 5 7 2 9 5 7 1 4 4 7 4 7 6

8 2 5 5 2 8 5 7 8 6 3 3 4 9 3 4 2 8 5 8 4 2 3

1 1 8 7 4 9 4 4 0 0 0 3 2 2 9 6 9 0 6 9 7 7 5

8 3 1 5 9 0 3 8 5 8 0 3 9 3 5 3 5 2 1 3 5 8 8

6 0 0 7 9 6 0 0 3 4 2 0 9 7 5 4 7 3 9 2 2 9 6

7 3 3 3 1 0 6 4 9 3 9 5 6 0 1 8 1 2 2 3 7 8 1

2 8 5 4 5 8 4 3 1 7 6 0 5 5 6 1 7 3 3 8 6 1 1

2 6 7 3 4 7 8 0 7 4 5 8 5 0 6 7 6 0 6 3 0 4 8

2 2 9 4 0 9 6 5 3 0 4 1 1 1 8 3 0 6 6 7 1 0 8

1 8 9 3 0 3 1 1 0 8 8 7 1 7 2 8 1 6 7 5 1 9 5

7 9 6 7 5 3 4 7 1 8 8 5 3 7 2 2 9 3 0 9 6 1 6

1 4 3 2 0 4 0 0 6 3 8 1 3 2 2 4 6 5 8 4 1 1 1

1 1 5 7 7 5 8 3 5 8 5 8 1 1 3 5 0 1 8 5 6 9 0

4 7 8 1 5 3 6 8 9 3 8 1 3 7 7 1 8 4 7 2 8 1 4

7 5 1 9 9 8 3 5 0 5 0 4 7 8 1 2 9 7 7 1 8 5 9

9 0 8 4 7 0 7 6 2 1 9 7 4 6 0 5 8 8 7 4 2 3 2

5 6 9 9 5 8 2 8 8 9 2 5 3 5 0 4 1 9 3 7 9 5 8

2 6 0 6 1 6 2 1 1 8 4 2 3 6 8 7 6 8 5 1 1 4 1

8 3 1 6 0 6 8 3 1 5 8 6 7 9 9 4 6 0 1 6 5 2 0

5 7 7 4 0 5 2 9 4 2 3 0 5 3 6 0 1 7 8 0 3 1 3

3 5 7 2 6 3 2 6 7 0 5 4 7 9 0 3 3 8 4 0 1 2 5

7 3 0 5 9 1 2 3 3 9 6 0 1 8 8 0 1 3 7 8 2 5 4

2 1 9 2 7 0 9 4 7 6 7 3 3 7 1 9 1 9 8 7 2 8 7

3 8 5 2 4 8 0 5 7 4 2 1 2 4 8 9 2 1 1 8 3 4 7

0 8 7 6 6 2 9 6 6 7 2 0 7 2 7 2 3 2 5 6 5 0 5

6 5 1 2 9 3 3 3 1 2 6 0 5 9 5 0 5 7 7 7 7 2 7

5 4 2 4 7 1 2 4 1 6 4 8 3 1 2 8 3 2 9 8 2 0 7

2 3 6 1 7 5 0 5 7 4 6 7 3 8 7 0 1 2 8 2 0 9 5

7 5 5 4 4 3 0 5 9 6 8 3 9 5 5 5 5 6 8 6 8 6 1

1 8 8 3 9 7 1 3 5 5 2 2 0 8 4 4 5 2 8 5 2 6 4

0 0 8 1 2 5 2 0 2 7 6 6 5 5 5 7 6 7 7 4 9 5 9

6 9 6 2 6 6 1 2 6 0 4 5 6 5 2 4 5 6 8 4 0 8 6

1 3 9 2 3 8 2 6 5 7 6 8 5 8 3 3 8 4 6 9 8 4 9

9 7 7 8 7 2 6 7 0 6 5 5 5 1 9 1 8 5 4 4 6 8 6

9 8 4 6 9 4 7 8 4 9 5 7 3 4 6 2 2 6 0 6 2 9 4

2 1 9 6 2 4 5 5 7 0 8 5 3 7 1 2 7 2 7 7 6 5 2

3 0 9 8 9 5 5 4 5 0 1 9 3 0 3 7 7 3 2 1 6 6 6

4 9 1 8 2 5 7 8 1 5 4 6 7 7 2 9 2 0 0 5 2 1 2

6 6 7 1 4 3 4 6 3 2 0 9 6 3 7 8 9 1 8 5 2 3 2

3 2 1 5 0 1 8 9 7 6 1 2 6 0 3 4 3 7 3 6 8 4 0

6 7 1 9 4 1 9 3 0 3 7 7 4 6 8 8 0 9 9 9 2 9 6

8 7 7 5 8 2 4 4 1 0 4 7 8 7 8 1 2 3 2 6 6 2 5

3 1 8 1 8 4 5 9 6 0 4 5 3 8 5 3 5 4 3 8 3 9 1

1 4 4 9 6 7 7 5 3 1 2 8 6 4 2 6 0 9 2 5 2 1 1

5 3 7 6 7 3 2 5 8 8 6 6 7 2 2 6 0 4 0 4 2 5 2

3 4 9 1 0 8 7 0 2 6 9 5 8 0 9 9 6 4 7 5 9 5 8

0 5 7 9 4 6 6 3 9 7 3 4 1 9 0 6 4 0 1 0 0 3 6

3 6 1 9 0 4 0 4 2 0 3 3 1 1 3 5 7 9 3 3 6 5 4

2 4 2 6 3 0 3 5 6 1 4 5 7 0 0 9 0 1 1 2 4 4 8

0 0 8 9 0 0 2 0 8 0 1 4 7 8 0 5 6 6 0 3 7 1 0

1 5 4 1 2 2 3 2 8 8 9 1 4 6 5 7 2 2 3 9 3 1 4

5 0 7 6 0 7 1 6 7 0 6 4 3 5 5 6 8 2 7 4 3 7 7

4 3 9 6 5 7 8 9 0 6 7 9 7 2 6 8 7 4 3 8 4 7 3

0 7 6 3 4 6 4 5 1 6 7 7 5 6 2 1 0 3 0 9 8 6 0

4 0 9 2 7 1 7 0 9 0 9 5 1 2 8 0 8 6 3 0 9 0 2

9 7 3 8 5 0 4 4 5 2 7 1 8 2 8 9 2 7 4 9 6 8 9

2 1 2 1 0 6 6 7 0 0 8 1 6 4 8 5 8 3 3 9 5 5 3

7 7 3 5 9 1 9 1 3 6 9 5 0 1 5 3 1 6 2 0 1 8 9

0 8 8 8 7 4 8 4 2 1 0 7 9 8 7 0 6 8 9 9 1 1 4

8 0 4 6 6 9 2 7 0 6 5 0 9 4 0 7 6 2 0 4 6 5 0

2 7 7 2 5 2 8 6 5 0 7 2 8 9 0 5 3 2 8 5 4 8 5

6 1 4 3 3 1 6 0 8 1 2 6 9 3 0 0 5 6 9 3 7 8 5

4 1 7 8 6 1 0 9 6 9 6 9 2 0 2 5 3 8 8 6 5 0 3

4 5 7 7 1 8 3 1 7 6 6 8 6 8 8 5 9 2 3 6 8 1 4

8 8 4 7 5 2 7 6 4 9 8 4 6 8 8 2 1 9 4 9 7 3 9

7 2 9 7 0 7 7 3 7 1 8 7 1 8 8 4 0 0 4 1 4 3 2

3 1 2 7 6 3 6 5 0 4 8 1 4 5 3 1 1 2 2 8 5 0 9

9 0 0 2 0 7 4 2 4 0 9 2 5 5 8 5 9 2 5 2 9 2 6

1 0 3 0 2 1 0 6 7 3 6 8 1 5 4 3 4 7 0 1 5 2 5

2 3 4 8 7 8 6 3 5 1 6 4 3 9 7 6 2 3 5 8 6 0 4

1 9 1 9 4 1 2 9 6 9 7 6 9 0 4 0 5 2 6 4 8 3 2

3 4 7 0 0 9 9 1 1 1 5 4 2 4 2 6 0 1 2 7 3 4 3

8 0 2 2 0 8 9 3 3 1 0 9 6 6 8 6 3 6 7 8 9 8 6

9 4 9 7 7 9 9 4 0 0 1 2 6 0 1 6 4 2 2 7 6 0 9

2 6 0 8 2 3 4 9 3 0 4 1 1 8 0 6 4 3 8 2 9 1 3

8 3 4 7 3 5 4 6 7 9 7 2 5 3 9 9 2 6 2 3 3 8 7

9 1 5 8 2 9 9 8 4 8 6 4 5 9 2 7 1 7 3 4 0 5 9

2 2 5 6 2 0 7 4 9 1 0 5 3 0 8 5 3 1 5 3 7 1 8
2 9 1 1 6 8 1 6 3 7 2 1 9 3 9 5 1 8 8 7 0 0 9
5 7 7 8 8 1 8 1 5 8 6 8 5 0 4 6 4 5 0 7 6 9 9
3 4 3 9 4 0 9 8 7 4 3 3 5 1 4 4 3 1 6 2 6 3 3
0 3 1 7 2 4 7 7 4 7 4 8 6 8 9 7 9 1 8 2 0 9 2
3 9 4 8 0 8 3 3 1 4 3 9 7 0 8 4 0 6 7 3 0 8 4
0 7 9 5 8 9 3 5 8 1 0 8 9 6 6 5 6 4 7 7 5 8 5
9 9 0 5 5 6 3 7 6 9 5 2 5 2 3 2 6 5 3 6 1 4 4
2 4 7 8 0 2 3 0 8 2 6 8 1 1 8 3 1 0 3 7 7 3 5
8 8 7 0 8 9 2 4 0 6 1 3 0 3 1 3 3 6 4 7 7 3 7
1 0 1 1 6 2 8 2 1 4 6 1 4 6 6 1 6 7 9 4 0 4 0
9 0 5 1 8 6 1 5 2 6 0 3 6 0 0 9 2 5 2 1 9 4 7
2 1 8 8 9 0 9 1 8 1 0 7 3 3 5 8 7 1 9 6 4 1 4
2 1 4 4 4 7 8 6 5 4 8 9 9 5 2 8 5 8 2 3 4 3 9
4 7 0 5 0 0 7 9 8 3 0 3 8 8 5 3 8 8 6 0 8 3 1
0 3 5 7 1 9 3 0 6 0 0 2 7 7 1 1 9 4 5 5 8 0 2
1 9 1 1 9 4 2 8 9 9 9 2 2 7 2 2 3 5 3 4 5 8 7
0 7 5 6 6 2 4 6 9 2 6 1 7 7 6 6 3 1 7 8 8 5 5
1 4 4 3 5 0 2 1 8 2 8 7 0 2 6 6 8 5 6 1 0 6 6
5 0 0 3 5 3 1 0 5 0 2 1 6 3 1 8 2 0 6 0 1 7 6
0 9 2 1 7 9 8 4 6 8 4 9 3 6 8 6 3 1 6 1 2 9 3

7 2 7 9 5 1 8 7 3 0 7 8 9 7 2 6 3 7 3 5 3 7 1

7 1 5 0 2 5 6 3 7 8 7 3 3 5 7 9 7 7 1 8 0 8 1

8 4 8 7 8 4 5 8 8 6 6 5 0 4 3 3 5 8 2 4 3 7 7

0 0 4 1 4 7 7 1 0 4 1 4 9 3 4 9 2 7 4 3 8 4 5

7 5 8 7 1 0 7 1 5 9 7 3 1 5 5 9 4 3 9 4 2 6 4

1 2 5 7 0 2 7 0 9 6 5 1 2 5 1 0 8 1 1 5 5 4 8

2 4 7 9 3 9 4 0 3 5 9 7 6 8 1 1 8 8 1 1 7 2 8

2 4 7 2 1 5 8 2 5 0 1 0 9 4 9 6 0 9 6 6 2 5 3

9 3 3 9 5 3 8 0 9 2 2 1 9 5 5 9 1 9 1 8 1 8 8

5 5 2 6 7 8 0 6 2 1 4 9 9 2 3 1 7 2 7 6 3 1 6

3 2 1 8 3 3 9 8 9 6 9 3 8 0 7 5 6 1 6 8 5 5 9

1 1 7 5 2 9 9 8 4 5 0 1 3 2 0 6 7 1 2 9 3 9 2

4 0 4 1 4 4 5 9 3 8 6 2 3 9 8 8 0 9 3 8 1 2 4

0 4 5 2 1 9 1 4 8 4 8 3 1 6 4 6 2 1 0 1 4 7 3

8 9 1 8 2 5 1 0 1 0 9 0 9 6 7 7 3 8 6 9 0 6 6

4 0 4 1 5 8 9 7 3 6 1 0 4 7 6 4 3 6 5 0 0 0 6

8 0 7 7 1 0 5 6 5 6 7 1 8 4 8 6 2 8 1 4 9 6 3

7 1 1 1 8 8 3 2 1 9 2 4 4 5 6 6 3 9 4 5 8 1 4

4 9 1 4 8 6 1 6 5 5 0 0 4 9 5 6 7 6 9 8 2 6 9

0 3 0 8 9 1 1 1 8 5 6 8 7 9 8 6 9 2 9 4 7 0 5

1 3 5 2 4 8 1 6 0 9 1 7 4 3 2 4 3 0 1 5 3 8 3

6 8 4 7 0 7 2 9 2 8 9 8 9 8 2 8 4 6 0 2 2 2 3

7 3 0 1 4 5 2 6 5 5 6 7 9 8 9 8 6 2 7 7 6 7 9

6 8 0 9 1 4 6 9 7 9 8 3 7 8 2 6 8 7 6 4 3 1 1

5 9 8 8 3 2 1 0 9 0 4 3 7 1 5 6 1 1 2 9 9 7 6

6 5 2 1 5 3 9 6 3 5 4 6 4 4 2 0 8 6 9 1 9 7 5

6 7 3 7 0 0 0 5 7 3 8 7 6 4 9 7 8 4 3 7 6 8 6

2 8 7 6 8 1 7 9 2 4 9 7 4 6 9 4 3 8 4 2 7 4 6

5 2 5 6 3 1 6 3 2 3 0 0 5 5 5 1 3 0 4 1 7 4 2

2 7 3 4 1 6 4 6 4 5 5 1 2 7 8 1 2 7 8 4 5 7 7

7 7 2 4 5 7 5 2 0 3 8 6 5 4 3 7 5 4 2 8 2 8 2

5 6 7 1 4 1 2 8 8 5 8 3 4 5 4 4 4 3 5 1 3 2 5

6 2 0 5 4 4 6 4 2 4 1 0 1 1 0 3 7 9 5 5 4 6 4

1 9 0 5 8 1 1 6 8 6 2 3 0 5 9 6 4 4 7 6 9 5 8

7 0 5 4 0 7 2 1 4 1 9 8 5 2 1 2 1 0 6 7 3 4 3

3 2 4 1 0 7 5 6 7 6 7 5 7 5 8 1 8 4 5 6 9 9 0

6 9 3 0 4 6 0 4 7 5 2 2 7 7 0 1 6 7 0 0 5 6 8

4 5 4 3 9 6 9 2 3 4 0 4 1 7 1 1 0 8 9 8 8 8 9

9 3 4 1 6 3 5 0 5 8 5 1 5 7 8 8 7 3 5 3 4 3 0

8 1 5 5 2 0 8 1 1 7 7 2 0 7 1 8 8 0 3 7 9 1 0

4 0 4 6 9 8 3 0 6 9 5 7 8 6 8 5 4 7 3 9 3 7 6

5 6 4 3 3 6 3 1 9 7 9 7 8 6 8 0 3 6 7 1 8 7 3

0 7 9 6 9 3 9 2 4 2 3 6 3 2 1 4 4 8 4 5 0 3 5

4 7 7 6 3 1 5 6 7 0 2 5 5 3 9 0 0 6 5 4 2 3 1

1 7 9 2 0 1 5 3 4 6 4 9 7 7 9 2 9 0 6 6 2 4 1

5 0 8 3 2 8 8 5 8 3 9 5 2 9 0 5 4 2 6 3 7 6 8

7 6 6 8 9 6 8 8 0 5 0 3 3 3 1 7 2 2 7 8 0 0 1

8 5 8 8 5 0 6 9 7 3 6 2 3 2 4 0 3 8 9 4 7 0 0

4 7 1 8 9 7 6 1 9 3 4 7 3 4 4 3 0 8 4 3 7 4 4

3 7 5 9 9 2 5 0 3 4 1 7 8 8 0 7 9 7 2 2 3 5 8

5 9 1 3 4 2 4 5 8 1 3 1 4 4 0 4 9 8 4 7 7 0 1

7 3 2 3 6 1 6 9 4 7 1 9 7 6 5 7 1 5 3 5 3 1 9

7 7 5 4 9 9 7 1 6 2 7 8 5 6 6 3 1 1 9 0 4 6 9

1 2 6 0 9 1 8 2 5 9 1 2 4 9 8 9 0 3 6 7 6 5 4

1 7 6 9 7 9 9 0 3 6 2 3 7 5 5 2 8 6 5 2 6 3 7

5 7 3 3 7 6 3 5 2 6 9 6 9 3 4 4 3 5 4 4 0 0 4

7 3 0 6 7 1 9 8 8 6 8 9 0 1 9 6 8 1 4 7 4 2 8

7 6 7 7 9 0 8 6 6 9 7 9 6 8 8 5 2 2 5 0 1 6 3

6 9 4 9 8 5 6 7 3 0 2 1 7 5 2 3 1 3 2 5 2 9 2

6 5 3 7 5 8 9 6 4 1 5 1 7 1 4 7 9 5 5 9 5 3 8

7 8 4 2 7 8 4 9 9 8 6 6 4 5 6 3 0 2 8 7 8 8 3

1 9 6 2 0 9 9 8 3 0 4 9 4 5 1 9 8 7 4 3 9 6 3

6 9 0 7 0 6 8 2 7 6 2 6 5 7 4 8 5 8 1 0 4 3 9

1 1 2 2 3 2 6 1 8 7 9 4 0 5 9 9 4 1 5 5 4 0 6
3 2 7 0 1 3 1 9 8 9 8 9 5 7 0 3 7 6 1 1 0 5 3
2 3 6 0 6 2 9 8 6 7 4 8 0 3 7 7 9 1 5 3 7 6 7
5 1 1 5 8 3 0 4 3 2 0 8 4 9 8 7 2 0 9 2 0 2 8
0 9 2 9 7 5 2 6 4 9 8 1 2 5 6 9 1 6 3 4 2 5 0
0 0 5 2 2 9 0 8 8 7 2 6 4 6 9 2 5 2 8 4 6 6 6
1 0 4 6 6 5 3 9 2 1 7 1 4 8 2 0 8 0 1 3 0 5 0
2 2 9 8 0 5 2 6 3 7 8 3 6 4 2 6 9 5 9 7 3 3 7
0 7 0 5 3 9 2 2 7 8 9 1 5 3 5 1 0 5 6 8 8 8 3
9 3 8 1 1 3 2 4 9 7 5 7 0 7 1 3 3 1 0 2 9 5 0
4 4 3 0 3 4 6 7 1 5 9 8 9 4 4 8 7 8 6 8 4 7 1
1 6 4 3 8 3 2 8 0 5 0 6 9 2 5 0 7 7 6 6 2 7 4
5 0 0 1 2 2 0 0 3 5 2 6 2 0 3 7 0 9 4 6 6 0 2
3 4 1 4 6 4 8 9 9 9 8 3 9 0 2 5 2 5 8 8 8 3 0 1
4 8 6 7 8 1 6 2 1 9 6 7 7 5 1 9 4 5 8 3 1 6 7
7 1 8 7 6 2 7 5 7 2 0 0 5 0 5 4 3 9 7 9 4 4 1
2 4 5 9 9 0 0 7 7 1 1 5 2 0 5 1 5 4 6 1 9 9 3
0 5 0 9 8 3 8 6 9 8 2 5 4 2 8 4 6 4 0 7 2 5 5
5 4 0 9 2 7 4 0 3 1 3 2 5 7 1 6 3 2 6 4 0 7 9
2 9 3 4 1 8 3 3 4 2 1 4 7 0 9 0 4 1 2 5 4 2 5
3 3 5 2 3 2 4 8 0 2 1 9 3 2 2 7 7 0 7 5 3 5 5

5 4 6 7 9 5 8 7 1 6 3 8 3 5 8 7 5 0 1 8 1 5 9
3 3 8 7 1 7 4 2 3 6 0 6 1 5 5 1 1 7 1 0 1 3 1
2 3 5 2 5 6 3 3 4 8 5 8 2 0 3 6 5 1 4 6 1 4 1
8 7 0 0 4 9 2 0 5 7 0 4 3 7 2 0 1 8 2 6 1 7 3
3 1 9 4 7 1 5 7 0 0 8 6 7 5 7 8 5 3 9 3 3 6 0
7 8 6 2 2 7 3 9 5 5 8 1 8 5 7 9 7 5 8 7 2 5 8
7 4 4 1 0 2 5 4 2 0 7 7 1 0 5 4 7 5 3 6 1 2 9
4 0 4 7 4 6 0 1 0 0 0 9 4 0 9 5 4 4 4 9 5 9 6
6 2 8 8 1 4 8 6 9 1 5 9 0 3 8 9 9 0 7 1 8 6 5
9 8 0 5 6 3 6 1 7 1 3 7 6 9 2 2 2 7 2 9 0 7 6
4 1 9 7 7 5 5 1 7 7 7 2 0 1 0 4 2 7 6 4 9 6 9
4 9 6 1 1 0 5 6 2 2 0 5 9 2 5 0 2 4 2 0 2 1 7
7 0 4 2 6 9 6 2 2 1 5 4 9 5 8 7 2 6 4 5 3 9 8
9 2 2 7 6 9 7 6 6 0 3 1 0 5 2 4 9 8 0 8 5 5 7
5 9 4 7 1 6 3 1 0 7 5 8 7 0 1 3 3 2 0 8 8 6 1
4 6 3 2 6 6 4 1 2 5 9 1 1 4 8 6 3 3 8 8 1 2 2
0 2 8 4 4 4 0 6 9 4 1 6 9 4 8 8 2 6 1 5 2 9 5
7 7 6 2 5 3 2 5 0 1 9 8 7 0 3 5 9 8 7 0 6 7 4
3 8 0 4 6 9 8 2 1 9 4 2 0 5 6 3 8 1 2 5 5 8 3
3 4 3 6 4 2 1 9 4 9 2 3 2 2 7 5 9 3 7 2 2 1 2
8 9 0 5 6 4 2 0 9 4 3 0 8 2 3 5 2 5 4 4 0 8 4

1 1 0 8 6 4 5 4 5 3 6 9 4 0 4 9 6 9 2 7 1 4 9

4 0 0 3 3 1 9 7 8 2 8 6 1 3 1 8 1 8 6 1 8 8 8

1 1 1 1 8 4 0 8 2 5 7 8 6 5 9 2 8 7 5 7 4 2 6

3 8 4 4 5 0 0 5 9 9 4 4 2 2 9 5 6 8 5 8 6 4 6

0 4 8 1 0 3 3 0 1 5 3 8 8 9 1 1 4 9 9 4 8 6 9

3 5 4 3 6 0 3 0 2 2 1 8 1 0 9 4 3 4 6 6 7 6 4

0 0 0 0 2 2 3 6 2 5 5 0 5 7 3 6 3 1 2 9 4 6 2

6 2 9 6 0 9 6 1 9 8 7 6 0 5 6 4 2 5 9 9 6 3 9

4 6 1 3 8 6 9 2 3 3 0 8 3 7 1 9 6 2 6 5 9 5 4

7 3 9 2 3 4 6 2 4 1 3 4 5 9 7 7 9 5 7 4 8 5 2

4 6 4 7 8 3 7 9 8 0 7 9 5 6 9 3 1 9 8 6 5 0 8

1 5 9 7 7 6 7 5 3 5 0 5 5 3 9 1 8 9 9 1 1 5 1

3 3 5 2 5 2 2 9 8 7 3 6 1 1 2 7 7 9 1 8 2 7 4

8 5 4 2 0 0 8 6 8 9 5 3 9 6 5 8 3 5 9 4 2 1 9

6 3 3 3 1 5 0 2 8 6 9 5 6 1 1 9 2 0 1 2 2 9 8

8 8 9 8 8 7 0 0 6 0 7 9 9 9 2 7 9 5 4 1 1 1 8

8 2 6 9 0 2 3 0 7 8 9 1 3 1 0 7 6 0 3 6 1 7 6

3 4 7 7 9 4 8 9 4 3 2 0 3 2 1 0 2 7 7 3 3 5 9

4 1 6 9 0 8 6 5 0 0 7 1 9 3 2 8 0 4 0 1 7 1 6

3 8 4 0 6 4 4 9 8 7 8 7 1 7 5 3 7 5 6 7 8 1 1

8 5 3 2 1 3 2 8 4 0 8 2 1 6 5 7 1 1 0 7 5 4 9

5 2 8 2 9 4 9 7 4 9 3 6 2 1 4 6 0 8 2 1 5 5 8

3 2 0 5 6 8 7 2 3 2 1 8 5 5 7 4 0 6 5 1 6 1 0

9 6 2 7 4 8 7 4 3 7 5 0 9 8 0 9 2 2 3 0 2 1 1

6 0 9 9 8 2 6 3 3 0 3 3 9 1 5 4 6 9 4 9 4 6 4

4 4 9 1 0 0 4 5 1 5 2 8 0 9 2 5 0 8 9 7 4 5 0

7 4 8 9 6 7 6 0 3 2 4 0 9 0 7 6 8 9 8 3 6 5 2

9 4 0 6 5 7 9 2 0 1 9 8 3 1 5 2 6 5 4 1 0 6 5

8 1 3 6 8 2 3 7 9 1 9 8 4 0 9 0 6 4 5 7 1 2 4

6 8 9 4 8 4 7 0 2 0 9 3 5 7 7 6 1 1 9 3 1 3 9

9 8 0 2 4 6 8 1 3 4 0 5 2 0 0 3 9 4 7 8 1 9 4

9 8 6 6 2 0 2 6 2 4 0 0 8 9 0 2 1 5 0 1 6 6 1

6 3 8 1 3 5 3 8 3 8 1 5 1 5 0 3 7 7 3 5 0 2 2

9 6 6 0 7 4 6 2 7 9 5 2 9 1 0 3 8 4 0 6 8 6 8

5 5 6 9 0 7 0 1 5 7 5 1 6 6 2 4 1 9 2 9 8 7 2

4 4 4 8 2 7 1 9 4 2 9 3 3 1 0 0 4 8 5 4 8 2 4

4 5 4 5 8 0 7 1 8 8 9 7 6 3 3 0 0 3 2 3 2 5 2

5 8 2 1 5 8 1 2 8 0 3 2 7 4 6 7 9 6 2 0 0 2 8

1 4 7 6 2 4 3 1 8 2 8 6 2 2 1 7 1 0 5 4 3 5 2

8 9 8 3 4 8 2 0 8 2 7 3 4 5 1 6 8 0 1 8 6 1 3

1 7 1 9 5 9 3 3 2 4 7 1 1 0 7 4 6 6 2 2 2 8 5

0 8 7 1 0 6 6 6 1 1 7 7 0 3 4 6 5 3 5 2 8 3 9

5 7 7 6 2 5 9 9 7 7 4 4 6 7 2 1 8 5 7 1 5 8 1

6 1 2 6 4 1 1 1 4 3 2 7 1 7 9 4 3 4 7 8 8 5 9

9 0 8 9 2 8 0 8 4 8 6 6 9 4 9 1 4 1 3 9 0 9 7

7 1 6 7 3 6 9 0 0 2 7 7 7 5 8 5 0 2 6 8 6 6 4

6 5 4 0 5 6 5 9 5 0 3 9 4 8 6 7 8 4 1 1 1 0 7

9 0 1 1 6 1 0 4 0 0 8 5 7 2 7 4 4 5 6 2 9 3 8

4 2 5 4 9 4 1 6 7 5 9 4 6 0 5 4 8 7 1 1 7 2 3

5 9 4 6 4 2 9 1 0 5 8 5 0 9 0 9 9 5 0 2 1 4 9

5 8 7 9 3 1 1 2 1 9 6 1 3 5 9 0 8 3 1 5 8 8 2

6 2 0 6 8 2 3 3 2 1 5 6 1 5 3 0 8 6 8 3 3 7 3

0 8 3 8 1 7 3 2 7 9 3 2 8 1 9 6 9 8 3 8 7 5 0

8 7 0 8 3 4 8 3 8 8 0 4 6 3 8 8 4 7 8 4 4 1 8

8 4 0 0 3 1 8 4 7 1 2 6 9 7 4 5 4 3 7 0 9 3 7

3 2 9 8 3 6 2 4 0 2 8 7 5 1 9 7 9 2 0 8 0 2 3

2 1 8 7 8 7 4 4 8 8 2 8 7 2 8 4 3 7 2 7 3 7 8

0 1 7 8 2 7 0 0 8 0 5 8 7 8 2 4 1 0 7 4 9 3 5

7 5 1 4 8 8 9 9 7 8 9 1 1 7 3 9 7 4 6 1 2 9 3

2 0 3 5 1 0 8 1 4 3 2 7 0 3 2 5 1 4 0 9 0 3 0

4 8 7 4 6 2 2 6 2 9 4 2 3 4 4 3 2 7 5 7 1 2 6

0 0 8 6 6 4 2 5 0 8 3 3 3 1 8 7 6 8 8 6 5 0 7

5 6 4 2 9 2 7 1 6 0 5 5 2 5 2 8 9 5 4 4 9 2 1

5 3 7 6 5 1 7 5 1 4 9 2 1 9 6 3 6 7 1 8 1 0 4

9 4 3 5 3 1 7 8 5 8 3 8 3 4 5 3 8 6 5 2 5 5 6

5 6 6 4 0 6 5 7 2 5 1 3 6 3 5 7 5 0 6 4 3 5 3

2 3 6 5 0 8 9 3 6 7 9 0 4 3 1 7 0 2 5 9 7 8 7

8 1 7 7 1 9 0 3 1 4 8 6 7 9 6 3 8 4 0 8 2 8 8

1 0 2 0 9 4 6 1 4 9 0 0 7 9 7 1 5 1 3 7 7 1 7

0 9 9 0 6 1 9 5 4 9 6 9 6 4 0 0 7 0 8 6 7 6 6

7 1 0 2 3 3 0 0 4 8 6 7 2 6 3 1 4 7 5 5 1 0 5

3 7 2 3 1 7 5 7 1 1 4 3 2 2 3 1 7 4 1 1 4 1 1

6 8 0 6 2 2 8 6 4 2 0 6 3 8 8 9 0 6 2 1 0 1 9

2 3 5 5 2 2 3 5 4 6 7 1 1 6 6 2 1 3 7 4 9 9 6

9 3 2 6 9 3 2 1 7 3 7 0 4 3 1 0 5 9 8 7 2 2 5

0 3 9 4 5 6 5 7 4 9 2 4 6 1 6 9 7 8 2 6 0 9 7

0 2 5 3 3 5 9 4 7 5 0 2 0 9 1 3 8 3 6 6 7 3 7

7 2 8 9 4 4 3 8 6 9 6 4 0 0 0 2 8 1 1 0 3 4 4

0 2 6 0 8 4 7 1 2 8 9 9 0 0 0 7 4 6 8 0 7 7 6

4 8 4 4 0 8 8 7 1 1 3 4 1 3 5 2 5 0 3 3 6 7 8

7 7 3 1 6 7 9 7 7 0 9 3 7 2 7 7 8 6 8 2 1 6 6

1 1 7 8 6 5 3 4 4 2 3 1 7 3 2 2 6 4 6 3 7 8 4

7 6 9 7 8 7 5 1 4 4 3 3 2 0 9 5 3 4 0 0 0 1 6

5 0 6 9 2 1 3 0 5 4 6 4 7 6 8 9 0 9 8 5 0 5 0

2 0 3 0 1 5 0 4 4 8 8 0 8 3 4 2 6 1 8 4 5 2 0

8 7 3 0 5 3 0 9 7 3 1 8 9 4 9 2 9 1 6 4 2 5 3

2 2 9 3 3 6 1 2 4 3 1 5 1 4 3 0 6 5 7 8 2 6 4

0 7 0 2 8 3 8 9 8 4 0 9 8 4 1 6 0 2 9 5 0 3 0

9 2 4 1 8 9 7 1 2 0 9 7 1 6 0 1 6 4 9 2 6 5 6

1 3 4 1 3 4 3 3 4 2 2 2 9 8 8 2 7 9 0 9 9 2 1

7 8 6 0 4 2 6 7 9 8 1 2 4 5 7 2 8 5 3 4 5 8 0

1 3 3 8 2 6 0 9 9 5 8 7 7 1 7 8 1 1 3 1 0 2 1

6 7 3 4 0 2 5 6 5 6 2 7 4 4 0 0 7 2 9 6 8 3 4

0 6 6 1 9 8 4 8 0 6 7 6 6 1 5 8 0 5 0 2 1 6 9

1 8 3 3 7 2 3 6 8 0 3 9 9 0 2 7 9 3 1 6 0 6 4

2 0 4 3 6 8 1 2 0 7 9 9 0 0 3 1 6 2 6 4 4 4 9

1 4 6 1 9 0 2 1 9 4 5 8 2 2 9 6 9 0 9 9 2 1 2

2 7 8 8 5 5 3 9 4 8 7 8 3 5 3 8 3 0 5 6 4 6 8

6 4 8 8 1 6 5 5 5 6 2 2 9 4 3 1 5 6 7 3 1 2 8

2 7 4 3 9 0 8 2 6 4 5 0 6 1 1 6 2 8 9 4 2 8 0

3 5 0 1 6 6 1 3 3 6 6 9 7 8 2 4 0 5 1 7 7 0 1

5 5 2 1 9 6 2 6 5 2 2 7 2 5 4 5 5 8 5 0 7 3 8

6 4 0 5 8 5 2 9 9 8 3 0 3 7 9 1 8 0 3 5 0 4 3

2 8 7 6 7 0 3 8 0 9 2 5 2 1 6 7 9 0 7 5 7 1 2

0 4 0 6 1 2 3 7 5 9 6 3 2 7 6 8 5 6 7 4 8 4 5

0 7 9 1 5 1 1 4 7 3 1 3 4 4 0 0 0 1 8 3 2 5 7

0 3 4 4 9 2 0 9 0 9 7 1 2 4 3 5 8 0 9 4 4 7 9

0 0 4 6 2 4 9 4 3 1 3 4 5 5 0 2 8 9 0 0 6 8 0

6 4 8 7 0 4 2 9 3 5 3 4 0 3 7 4 3 6 0 3 2 6 2

5 8 2 0 5 3 5 7 9 0 1 1 8 3 9 5 6 4 9 0 8 9 3

5 4 3 4 5 1 0 1 3 4 2 9 6 9 6 1 7 5 4 5 2 4 9

5 7 3 9 6 0 6 2 1 4 9 0 2 8 8 7 2 8 9 3 2 7 9

2 5 2 0 6 9 6 5 3 5 3 8 6 3 9 6 4 4 3 2 2 5 3

8 8 3 2 7 5 2 2 4 9 9 9 6 0 5 9 8 6 9 7 4 7 5 9

8 8 2 3 2 9 9 1 6 2 6 3 5 4 5 9 7 3 3 2 4 4 4

5 1 6 3 7 5 5 3 3 4 3 7 7 4 9 2 9 2 8 9 9 0 5

8 1 1 7 5 7 8 6 3 5 5 5 5 5 6 2 6 9 3 7 4 2 6

9 1 0 9 4 7 1 1 7 0 0 2 1 6 5 4 1 1 7 1 8 2 1

9 7 5 0 5 1 9 8 3 1 7 8 7 1 3 7 1 0 6 0 5 1 0

6 3 7 9 5 5 5 8 5 8 8 9 0 5 5 6 8 8 5 2 8 8 7

9 8 9 0 8 4 7 5 0 9 1 5 7 6 4 6 3 9 0 7 4 6 9

3 6 1 9 8 8 1 5 0 7 8 1 4 6 8 5 2 6 2 1 3 3 2

5 2 4 7 3 8 3 7 6 5 1 1 9 2 9 9 0 1 5 6 1 0 9

1 8 9 7 7 7 9 2 2 0 0 8 7 0 5 7 9 3 3 9 6 4 6

3 8 2 7 4 9 0 6 8 0 6 9 8 7 6 9 1 6 8 1 9 7 4

9 2 3 6 5 6 2 4 2 2 6 0 8 7 1 5 4 1 7 6 1 0 0

4 3 0 6 0 8 9 0 4 3 7 7 7 9 7 6 6 7 8 5 1 9 6 6

1 8 9 1 4 0 4 1 4 4 9 2 5 2 7 0 4 8 0 8 8 1 9

7 1 4 9 8 8 0 1 5 4 2 0 5 7 7 8 7 0 0 6 5 2 1

5 9 4 0 0 9 2 8 9 7 7 7 6 0 1 3 3 0 7 5 6 8 4

7 9 6 6 9 9 2 9 5 5 4 3 3 6 5 6 1 3 9 8 4 7 7

3 8 0 6 0 3 9 4 3 6 8 8 9 5 8 8 7 6 4 6 0 5 4

9 8 3 8 7 1 4 7 8 9 6 8 4 8 2 8 0 5 3 8 4 7 0

1 7 3 0 8 7 1 1 1 7 7 6 1 1 5 9 6 6 3 5 0 5 0

3 9 9 7 9 3 4 3 8 6 9 3 3 9 1 1 9 7 8 9 8 8 7

1 0 9 1 5 6 5 4 1 7 0 9 1 3 3 0 8 2 6 0 7 6 4

7 4 0 6 3 0 5 7 1 1 4 1 1 0 9 8 8 3 9 3 8 8 0

9 5 4 8 1 4 3 7 8 2 8 4 7 4 5 2 8 8 3 8 3 6 8

0 7 9 4 1 8 8 8 4 3 4 2 6 6 6 2 2 2 0 7 0 4 3

8 7 2 2 8 8 7 4 1 3 9 4 7 8 0 1 0 1 7 7 2 1 3

9 2 2 8 1 9 1 1 9 9 2 3 6 5 4 0 5 5 1 6 3 9 5

8 9 3 4 7 4 2 6 3 9 5 3 8 2 4 8 2 9 6 0 9 0 3

6 9 0 0 2 8 8 3 5 9 3 2 7 7 4 5 8 5 5 0 6 0 8

0 1 3 1 7 9 8 8 4 0 7 1 6 2 4 4 6 5 6 3 9 9 7

9 4 8 2 7 5 7 8 3 6 5 0 1 9 5 5 1 4 2 2 1 5 5

1 3 3 9 2 8 1 9 7 8 2 2 6 9 8 4 2 7 8 6 3 8 3

9 1 6 7 9 7 1 5 0 9 1 2 6 2 4 1 0 5 4 8 7 2 5

7 0 0 9 2 4 0 7 0 0 4 5 4 8 8 4 8 5 6 9 2 9 5

0 4 4 8 1 1 0 7 3 8 0 8 7 9 9 6 5 4 7 4 8 1 5

6 8 9 1 3 9 3 5 3 8 0 9 4 3 4 7 4 5 5 6 9 7 2

1 2 8 9 1 9 8 2 7 1 7 7 0 2 0 7 6 6 6 1 3 6 0

2 4 8 9 5 8 1 4 6 8 1 1 9 1 3 3 6 1 4 1 2 1 2

5 8 7 8 3 8 9 5 5 7 7 3 5 7 1 9 4 9 8 6 3 1 7

2 1 0 8 4 4 3 9 8 9 0 1 4 2 3 9 4 8 4 9 6 6 5

9 2 5 1 7 3 1 3 8 8 1 7 1 6 0 2 6 6 3 2 6 1 9

3 1 0 6 5 3 6 6 5 3 5 0 4 1 4 7 3 0 7 0 8 0 4

4 1 4 9 3 9 1 6 9 3 6 3 2 6 2 3 7 3 7 6 7 7 7

7 0 9 5 8 5 0 3 1 3 2 5 5 9 9 0 0 9 5 7 6 2 7

3 1 9 5 7 3 0 8 6 4 8 0 4 2 4 6 7 7 0 1 2 1 2

3 2 7 0 2 0 5 3 3 7 4 2 6 6 7 0 5 3 1 4 2 4 4

8 2 0 8 1 6 8 1 3 0 3 0 6 3 9 7 3 7 8 7 3 6 6

4 2 4 8 3 6 7 2 5 3 9 8 3 7 4 8 7 6 9 0 9 8 0

6 0 2 1 8 2 7 8 5 7 8 6 2 1 6 5 1 2 7 3 8 5 6

3 5 1 3 2 9 0 1 4 8 9 0 3 5 0 9 8 8 3 2 7 0 6

1 7 2 5 8 9 3 2 5 7 5 3 6 3 9 9 3 9 7 9 0 5 5

7 2 9 1 7 5 1 6 0 0 9 7 6 1 5 4 5 9 0 4 4 7 7

1 6 9 2 2 6 5 8 0 6 3 1 5 1 1 1 0 2 8 0 3 8 4

3 6 0 1 7 3 7 4 7 4 2 1 5 2 4 7 6 0 8 5 1 5 2

0 9 9 0 1 6 1 5 8 5 8 2 3 1 2 5 7 1 5 9 0 7 3

3 4 2 1 7 3 6 5 7 6 2 6 7 1 4 2 3 9 0 4 7 8 2

7 9 5 8 7 2 8 1 5 0 5 0 9 5 6 3 3 0 9 2 8 0 2

6 6 8 4 5 8 9 3 7 6 4 9 6 4 9 7 7 0 2 3 2 9 7

3 6 4 1 3 1 9 0 6 0 9 8 2 7 4 0 6 3 3 5 3 1 0

8 9 7 9 2 4 6 4 2 4 2 1 3 4 5 8 3 7 4 0 9 0 1

1 6 9 3 9 1 9 6 4 2 5 0 4 5 9 1 2 8 8 1 3 4 0

3 4 9 8 8 1 0 6 3 5 4 0 0 8 8 7 5 9 6 8 2 0 0

5 4 4 0 8 3 6 4 3 8 6 5 1 6 6 1 7 8 8 0 5 5 7

6 0 8 9 5 6 8 9 6 7 2 7 5 3 1 5 3 8 0 8 1 9 4

2 0 7 7 3 3 2 5 9 7 9 1 7 2 7 8 4 3 7 6 2 5 6

6 1 1 8 4 3 1 9 8 9 1 0 2 5 0 0 7 4 9 1 8 2 9

0 8 6 4 7 5 1 4 9 7 9 4 0 0 3 1 6 0 7 0 3 8 4

5 5 4 9 4 6 5 3 8 5 9 4 6 0 2 7 4 5 2 4 4 7 4

6 6 8 1 2 3 1 4 6 8 7 9 4 3 4 4 1 6 1 0 9 9 3

3 3 8 9 0 8 9 9 2 6 3 8 4 1 1 8 4 7 4 2 5 2 5

7 0 4 4 5 7 2 5 1 7 4 5 9 3 2 5 7 3 8 9 8 9 5

6 5 1 8 5 7 1 6 5 7 5 9 6 1 4 8 1 2 6 6 0 2 0

3 1 0 7 9 7 6 2 8 2 5 4 1 6 5 5 9 0 5 0 6 0 4

2 4 7 9 1 1 4 0 1 6 9 5 7 9 0 0 3 3 8 3 5 6 5

7 4 8 6 9 2 5 2 8 0 0 7 4 3 0 2 5 6 2 3 4 1 9

4 9 8 2 8 6 4 6 7 9 1 4 4 7 6 3 2 2 7 7 4 0 0

5 5 2 9 4 6 0 9 0 3 9 4 0 1 7 7 5 3 6 3 3 5 6

5 5 4 7 1 9 3 1 0 0 0 1 7 5 4 3 0 0 4 7 5 0 4

7 1 9 1 4 4 8 9 9 8 4 1 0 4 0 0 1 5 8 6 7 9 4

6 1 7 9 2 4 1 6 1 0 0 1 6 4 5 4 7 1 6 5 5 1 3

3 7 0 7 4 0 7 3 9 5 0 2 6 0 4 4 2 7 6 9 5 3 8

5 5 3 8 3 4 3 9 7 5 5 0 5 4 8 8 7 1 0 9 9 7 8

5 2 0 5 4 0 1 1 7 5 1 6 9 7 4 7 5 8 1 3 4 4 9

2 6 0 7 9 4 3 3 6 8 9 5 4 3 7 8 3 2 2 1 1 7 2

4 5 0 6 8 7 3 4 4 2 3 1 9 8 9 8 7 8 8 4 4 1 2

8 5 4 2 0 6 4 7 4 2 8 0 9 7 3 5 6 2 5 8 0 7 0

6 6 9 8 3 1 0 6 9 7 9 9 3 5 2 6 0 6 9 3 3 9 2

1 3 5 6 8 5 8 8 1 3 9 1 2 1 4 8 0 7 3 5 4 7 2

8 4 6 3 2 2 7 7 8 4 9 0 8 0 8 7 0 0 2 4 6 7 7

7 6 3 0 3 6 0 5 5 5 1 2 3 2 3 8 6 6 5 6 2 9 5

1 7 8 8 5 3 7 1 9 6 7 3 0 3 4 6 3 4 7 0 1 2 2

2 9 3 9 5 8 1 6 0 6 7 9 2 5 0 9 1 5 3 2 1 7 4

8 9 0 3 0 8 4 0 8 8 6 5 1 6 0 6 1 1 1 9 0 1 1

4 9 8 4 4 3 4 1 2 3 5 0 1 2 4 6 4 6 9 2 8 0 2

8 8 0 5 9 9 6 1 3 4 2 8 3 5 1 1 8 8 4 7 1 5 4

4 9 7 7 1 2 7 8 4 7 3 3 6 1 7 6 6 2 8 5 0 6 2

1 6 9 7 7 8 7 1 7 7 4 3 8 2 4 3 6 2 5 6 5 7 1

1 7 7 9 4 5 0 0 6 4 4 7 7 7 1 8 3 7 0 2 2 1 9

9 9 1 0 6 6 9 5 0 2 1 6 5 6 7 5 7 6 4 4 0 4 4

9 9 7 9 4 0 7 6 5 0 3 7 9 9 9 9 5 4 8 4 5 0 0

2 7 1 0 6 6 5 9 8 7 8 1 3 6 0 3 8 0 2 3 1 4 1

2 6 8 3 6 9 0 5 7 8 3 1 9 0 4 6 0 7 9 2 7 6 5

2 9 7 2 7 7 6 9 4 0 4 3 6 1 3 0 2 3 0 5 1 7 8

7 0 8 0 5 4 6 5 1 1 5 4 2 4 6 9 3 9 5 2 6 5 1

2 7 1 0 1 0 5 2 9 2 7 0 7 0 3 0 6 6 7 3 0 2 4

4 4 7 1 2 5 9 7 3 9 3 9 9 5 0 5 1 4 6 2 8 4 0

4 7 6 7 4 3 1 3 6 3 7 3 9 9 7 8 2 5 9 1 8 4 5

4 1 1 7 6 4 1 3 3 2 7 9 0 6 4 6 0 6 3 6 5 8 4

1 5 2 9 2 7 0 1 9 0 3 0 2 7 6 0 1 7 3 3 9 4 7

4 8 6 6 9 6 0 3 4 8 6 9 4 9 7 6 5 4 1 7 5 2 4

2 9 3 0 6 0 4 0 7 2 7 0 0 5 0 5 9 0 3 9 5 0 3

1 4 8 5 2 2 9 2 1 3 9 2 5 7 5 5 9 4 8 4 5 0 7

8 8 6 7 9 7 7 9 2 5 2 5 3 9 3 1 7 6 5 1 5 6 4

1 6 1 9 7 1 6 8 4 4 3 5 2 4 3 6 9 7 9 4 4 4 7

3 5 5 9 6 4 2 6 0 6 3 3 3 9 1 0 5 5 1 2 6 8 2

6 0 6 1 5 9 5 7 2 6 2 1 7 0 3 6 6 9 8 5 0 6 4

7 3 2 8 1 2 6 6 7 2 4 5 2 1 9 8 9 0 6 0 5 4 9

8 8 0 2 8 0 7 8 2 8 8 1 4 2 9 7 9 6 3 3 6 6 9

6 7 4 4 1 2 4 8 0 5 9 8 2 1 9 2 1 4 6 3 3 9 5

6 5 7 4 5 7 2 2 1 0 2 2 9 8 6 7 7 5 9 9 7 4 6

7 3 8 1 2 6 0 6 9 3 6 7 0 6 9 1 3 4 0 8 1 5 5

9 4 1 2 0 1 6 1 1 5 9 6 0 1 9 0 2 3 7 7 5 3 5

2 5 5 5 6 3 0 0 6 0 6 2 4 7 9 8 3 2 6 1 2 4 9

8 8 1 2 8 8 1 9 2 9 3 7 3 4 3 4 7 6 8 6 2 6 8

9 2 1 9 2 3 9 7 7 7 8 3 3 9 1 0 7 3 3 1 0 6 5

8 8 2 5 6 8 1 3 7 7 7 1 7 2 3 2 8 3 1 5 3 2 9

0 8 2 5 2 5 0 9 2 7 3 3 0 4 7 8 5 0 7 2 4 9 7

7 1 3 9 4 4 8 3 3 3 8 9 2 5 5 2 0 8 1 1 7 5 6

0 8 4 5 2 9 6 6 5 9 0 5 5 3 9 4 0 9 6 5 5 6 8

5 4 1 7 0 6 0 0 1 1 7 9 8 5 7 2 9 3 8 1 3 9 9

8 2 5 8 3 1 9 2 9 3 6 7 9 1 0 0 3 9 1 8 4 4 0

9 9 2 8 6 5 7 5 6 0 5 9 9 3 5 9 8 9 1 0 0 0 2

9 6 9 8 6 4 4 6 0 9 7 4 7 1 4 7 1 8 4 7 0 1 0

1 5 3 1 2 8 3 7 6 2 6 3 1 1 4 6 7 7 4 2 0 9 1

4 5 5 7 4 0 4 1 8 1 5 9 0 8 8 0 0 0 6 4 9 4 3

2 3 7 8 5 5 8 3 9 3 0 8 5 3 0 8 2 8 3 0 5 4 7

6 0 7 6 7 9 9 5 2 4 3 5 7 3 9 1 6 3 1 2 2 1 8

8 6 0 5 7 5 4 9 6 7 3 8 3 2 2 4 3 1 9 5 6 5 0

6 5 5 4 6 0 8 5 2 8 8 1 2 0 1 9 0 2 3 6 3 6 4
4 7 1 2 7 0 3 7 4 8 6 3 4 4 2 1 7 2 7 2 5 7 8
7 9 5 0 3 4 2 8 4 8 6 3 1 2 9 4 4 9 1 6 3 1 8
4 7 5 3 4 7 5 3 1 4 3 5 0 4 1 3 9 2 0 9 6 1 0
8 7 9 6 0 5 7 7 3 0 9 8 7 2 0 1 3 5 2 4 8 4 0
7 5 0 5 7 6 3 7 1 9 9 2 5 3 6 5 0 4 7 0 9 0 8
5 8 2 5 1 3 9 3 6 8 6 3 4 6 3 8 6 3 3 6 8 0 4
2 8 9 1 7 6 7 1 0 7 6 0 2 1 1 1 1 5 9 8 2 8 8
7 5 5 3 9 9 4 0 1 2 0 0 7 6 0 1 3 9 4 7 0 3 3
6 6 1 7 9 3 7 1 5 3 9 6 3 0 6 1 3 9 8 6 3 6 5
5 4 9 2 2 1 3 7 4 1 5 9 7 9 0 5 1 1 9 0 8 3 5
8 8 2 9 0 0 9 7 6 5 6 6 4 7 3 0 0 7 3 3 8 7 9
3 1 4 6 7 8 9 1 3 1 8 1 4 6 5 1 0 9 3 1 6 7 6
1 5 7 5 8 2 1 3 5 1 4 2 4 8 6 0 4 4 2 2 9 2 4
4 5 3 0 4 1 1 3 1 6 0 6 5 2 7 0 0 9 7 4 3 3 0
0 8 8 4 9 9 0 3 4 6 7 5 4 0 5 5 1 8 6 4 0 6 7
7 3 4 2 6 0 3 5 8 3 4 0 9 6 0 8 6 0 5 5 3 3 7
4 7 3 6 2 7 6 0 9 3 5 6 5 8 8 5 3 1 0 9 7 6 0
9 9 4 2 3 8 3 4 7 3 8 2 2 2 0 8 7 2 9 2 4 6
4 4 9 7 6 8 4 5 6 0 5 7 9 5 6 2 5 1 6 7 6 5 5
7 4 0 8 8 4 1 0 3 2 1 7 3 1 3 4 5 6 2 7 7 3 5

8 5 6 0 5 2 3 5 8 2 3 6 3 8 9 5 3 2 0 3 8 5 3

4 0 2 4 8 4 2 2 7 3 3 7 1 6 3 9 1 2 3 9 7 3 2

1 5 9 9 5 4 4 0 8 2 8 4 2 1 6 6 6 6 3 6 0 2 3

2 9 6 5 4 5 6 9 4 7 0 3 5 7 7 1 8 4 8 7 3 4 4

2 0 3 4 2 2 7 7 0 6 6 5 3 8 3 7 3 8 7 5 0 6 1

6 9 2 1 2 7 6 8 0 1 5 7 6 6 1 8 1 0 9 5 4 2 0

0 9 7 7 0 8 3 6 3 6 0 4 3 6 1 1 1 0 5 9 2 4 0

9 1 1 7 8 8 9 5 4 0 3 3 8 0 2 1 4 2 6 5 2 3 9

4 8 9 2 9 6 8 6 4 3 9 8 0 8 9 2 6 1 1 4 6 3 5

4 1 4 5 7 1 5 3 5 1 9 4 3 4 2 8 5 0 7 2 1 3 5

3 4 5 3 0 1 8 3 1 5 8 7 5 6 2 8 2 7 5 7 3 3 8

9 8 2 6 8 8 9 8 5 2 3 5 5 7 7 9 9 2 9 5 7 2 7

6 4 5 2 2 9 3 9 1 5 6 7 4 7 7 5 6 6 6 7 6 0 5

1 0 8 7 8 8 7 6 4 8 4 5 3 4 9 3 6 3 6 0 6 8 2

7 8 0 5 0 5 6 4 6 2 2 8 1 3 5 9 8 8 8 5 8 7 9

2 5 9 9 4 0 9 4 6 4 4 6 0 4 1 7 0 5 2 0 4 4 7

0 0 4 6 3 1 5 1 3 7 9 7 5 4 3 1 7 3 7 1 8 7 7

5 6 0 3 9 8 1 5 9 6 2 6 4 7 5 0 1 4 1 0 9 0 6

6 5 8 8 6 6 1 6 2 1 8 0 0 3 8 2 6 6 9 8 9 9 6

1 9 6 5 5 8 0 5 8 7 2 0 8 6 3 9 7 2 1 1 7 6 9

9 5 2 1 9 4 6 6 7 8 9 8 5 7 0 1 1 7 9 8 3 3 2

4 4 0 6 0 1 8 1 1 5 7 5 6 5 8 0 7 4 2 8 4 1 8

2 9 1 0 6 1 5 1 9 3 9 1 7 6 3 0 0 5 9 1 9 4 3

1 4 4 3 4 6 0 5 1 5 4 0 4 7 7 1 0 5 7 0 0 5 4

3 3 9 0 0 0 1 8 2 4 5 3 1 1 7 7 3 3 7 1 8 9 5

5 8 5 7 6 0 3 6 0 7 1 8 2 8 6 0 5 0 6 3 5 6 4

7 9 9 7 9 0 0 4 1 3 9 7 6 1 8 0 8 9 5 5 3 6 3

6 6 9 6 0 3 1 6 2 1 9 3 1 1 3 2 5 0 2 2 3 8 5

1 7 9 1 6 7 2 0 5 5 1 8 0 6 5 9 2 6 3 5 1 8 0

3 6 2 5 1 2 1 4 5 7 5 9 2 6 2 3 8 3 6 9 3 4 8

2 2 2 6 6 5 8 9 5 5 7 6 9 9 4 6 6 0 4 9 1 9 3

8 1 1 2 4 8 6 6 0 9 0 9 9 7 9 8 1 2 8 5 7 1 8

2 3 4 9 4 0 0 6 6 1 5 5 5 2 1 9 6 1 1 2 2 0 7

2 0 3 0 9 2 2 7 7 6 4 6 2 0 0 9 9 9 3 1 5 2 4

4 2 7 3 5 8 9 4 8 8 7 1 0 5 7 6 6 2 3 8 9 4 6

9 3 8 8 9 4 4 6 4 9 5 0 9 3 9 6 0 3 3 0 4 5 4

3 4 0 8 4 2 1 0 2 4 6 2 4 0 1 0 4 8 7 2 3 3 2

8 7 5 0 0 8 1 7 4 9 1 7 9 8 7 5 5 4 3 8 7 9 3

8 7 3 8 1 4 3 9 8 9 4 2 3 8 0 1 1 7 6 2 7 0 0

8 3 7 1 9 6 0 5 3 0 9 4 3 8 3 9 4 0 0 6 3 7 5

6 1 1 6 4 5 8 5 6 0 9 4 3 1 2 9 5 1 7 5 9 7 7

1 3 9 3 5 3 9 6 0 7 4 3 2 2 7 9 2 4 8 9 2 2 1

2 6 7 0 4 5 8 0 8 1 8 3 3 1 3 7 6 4 1 6 5 8 1
8 2 6 9 5 6 2 1 0 5 8 7 2 8 9 2 4 4 7 7 4 0 0
3 5 9 4 7 0 0 9 2 6 8 6 6 2 6 5 9 6 5 1 4 2 2
0 5 0 6 3 0 0 7 8 5 9 2 0 0 2 4 8 8 2 9 1 8 6
0 8 3 9 7 4 3 7 3 2 3 5 3 8 4 9 0 8 3 9 6 4 3
2 6 1 4 7 0 0 0 5 3 2 4 2 3 5 4 0 6 4 7 0 4 2
0 8 9 4 9 9 2 1 0 2 5 0 4 0 4 7 2 6 7 8 1 0 5
9 0 8 3 6 4 4 0 0 7 4 6 6 3 8 0 0 2 0 8 7 0 1
2 6 6 6 4 2 0 9 4 5 7 1 8 1 7 0 2 9 4 6 7 5 2
2 7 8 5 4 0 0 7 4 5 0 8 5 5 2 3 7 7 7 2 0 8 9
0 5 8 1 6 8 3 9 1 8 4 4 6 5 9 2 8 2 9 4 1 7 0
1 8 2 8 8 2 3 3 0 1 4 9 7 1 5 5 4 2 3 5 2 3 5
9 1 1 7 7 4 8 1 8 6 2 8 5 9 2 9 6 7 6 0 5 0 4
8 2 0 3 8 6 4 3 4 3 1 0 8 7 7 9 5 6 2 8 9 2 9
2 5 4 0 5 6 3 8 9 4 6 6 2 1 9 4 8 2 6 8 7 1 1
0 4 2 8 2 8 1 6 3 8 9 3 9 7 5 7 1 1 7 5 7 7 8
6 9 1 5 4 3 0 1 6 5 0 5 8 6 0 2 9 6 5 2 1 7 4
5 9 5 8 1 9 8 8 8 7 8 6 8 0 4 0 8 1 1 0 3 2 8
4 3 2 7 3 9 8 6 7 1 9 8 6 2 1 3 0 6 2 0 5 5 5
9 8 5 5 2 6 6 0 3 6 4 0 5 0 4 6 2 8 2 1 5 2 3
0 6 1 5 4 5 9 4 4 7 4 4 8 9 9 0 8 8 3 9 0 8 1

9 9 9 7 3 8 7 4 7 4 5 2 9 6 9 8 1 0 7 7 6 2 0
1 4 8 7 1 3 4 0 0 0 1 2 2 5 3 5 5 2 2 2 4 6 6
9 5 4 0 9 3 1 5 2 1 3 1 1 5 3 3 7 9 1 5 7 9 8
0 2 6 9 7 9 5 5 5 7 1 0 5 0 8 5 0 7 4 7 3 8 7
4 7 5 0 7 5 8 0 6 8 7 6 5 3 7 6 4 4 5 7 8 2 5
2 4 4 3 2 6 3 8 0 4 6 1 4 3 0 4 2 8 8 9 2 3 5
9 3 4 8 5 2 9 6 1 0 5 8 2 6 9 3 8 2 1 0 3 4 9
8 0 0 0 4 0 5 2 4 8 4 0 7 0 8 4 4 0 3 5 6 1 1
6 7 8 1 7 1 7 0 5 1 2 8 1 3 3 7 8 8 0 5 7 0 5
6 4 3 4 5 0 6 1 6 1 1 9 3 3 0 4 2 4 4 4 0 7 9
8 2 6 0 3 7 7 9 5 1 1 9 8 5 4 8 6 9 4 5 5 9 1
5 2 0 5 1 9 6 0 0 9 3 0 4 1 2 7 1 0 0 7 2 7 7
8 4 9 3 0 1 5 5 5 0 3 8 8 9 5 3 6 0 3 3 8 2 6
1 9 2 9 3 4 3 7 9 7 0 8 1 8 7 4 3 2 0 9 4 9 9
1 4 1 5 9 5 9 3 3 9 6 3 6 8 1 1 0 6 2 7 5 5 7
2 9 5 2 7 8 0 0 4 2 5 4 8 6 3 0 6 0 0 5 4 5 2
3 8 3 9 1 5 1 0 6 8 9 9 9 8 9 1 3 5 7 8 8 2 0 0
1 9 4 1 1 7 8 6 5 3 5 6 8 2 1 4 9 1 1 8 5 2 8
2 0 7 8 5 2 1 3 0 1 2 5 5 1 8 5 1 8 4 9 3 7 1
1 5 0 3 4 2 2 1 5 9 5 4 2 2 4 4 5 1 1 9 0 0 2
0 7 3 9 3 5 3 9 6 2 7 4 0 0 2 0 8 1 1 0 4 6 5

5 3 0 2 0 7 9 3 2 8 6 7 2 5 4 7 4 0 5 4 3 6 5

2 7 1 7 5 9 5 8 9 3 5 0 0 7 1 6 3 3 6 0 7 6 3

2 1 6 1 4 7 2 5 8 1 5 4 0 7 6 4 2 0 5 3 0 2 0

0 4 5 3 4 0 1 8 3 5 7 2 3 3 8 2 9 2 6 6 1 9 1

5 3 0 8 3 5 4 0 9 5 1 2 0 2 2 6 3 2 9 1 6 5 0

5 4 4 2 6 1 2 3 6 1 9 1 9 7 0 5 1 6 1 3 8 3 9

3 5 7 3 2 6 6 9 3 7 6 0 1 5 6 9 1 4 4 2 9 9 4

4 9 4 3 7 4 4 8 5 6 8 0 9 7 7 5 6 9 6 3 0 3 1

2 9 5 8 8 7 1 9 1 6 1 1 2 9 2 9 4 6 8 1 8 8 4

9 3 6 3 3 8 6 4 7 3 9 2 7 4 7 6 0 1 2 2 6 9 6

4 1 5 8 8 4 8 9 0 0 9 6 5 7 1 7 0 8 6 1 6 0 5

9 8 1 4 7 2 0 4 4 6 7 4 2 8 6 6 4 2 0 8 7 6 5

3 3 4 7 9 9 8 5 8 2 2 2 0 9 0 6 1 9 8 0 2 1 7

3 2 1 1 6 1 4 2 3 0 4 1 9 4 7 7 7 5 4 9 9 0 7

3 8 7 3 8 5 6 7 9 4 1 1 8 9 8 2 4 6 6 0 9 1 3

0 9 1 6 9 1 7 7 2 2 7 4 2 0 7 2 3 3 3 6 7 6 3

5 0 3 2 6 7 8 3 4 0 5 8 6 3 0 1 9 3 0 1 9 3 2

4 2 9 9 6 3 9 7 2 0 4 4 4 5 1 7 9 2 8 8 1 2 2

8 5 4 4 7 8 2 1 1 9 5 3 5 3 0 8 9 8 9 1 0 1 2

5 3 4 2 9 7 5 5 2 4 7 2 7 6 3 5 7 3 0 2 2 6 2

8 1 3 8 2 0 9 1 8 0 7 4 3 9 7 4 8 6 7 1 4 5 3

5 9 0 7 7 8 6 3 3 5 3 0 1 6 0 8 2 1 5 5 9 9 1

1 3 1 4 1 4 4 2 0 5 0 9 1 4 4 7 2 9 3 5 3 5 0

2 2 2 3 0 8 1 7 1 9 3 6 6 3 5 0 9 3 4 6 8 6 5

8 5 8 6 5 6 3 1 4 8 5 5 5 7 5 8 6 2 4 4 7 8 1

8 6 2 0 1 0 8 7 1 1 8 8 9 7 6 0 6 5 2 9 6 9 8

9 9 2 6 9 3 2 8 1 7 8 7 0 5 5 7 6 4 3 5 1 4 3

3 8 2 0 6 0 1 4 1 0 7 7 3 2 9 2 6 1 0 6 3 4 3

1 5 2 5 3 3 7 1 8 2 2 4 3 3 8 5 2 6 3 5 2 0 2

1 7 7 3 5 4 4 0 7 1 5 2 8 1 8 9 8 1 3 7 6 9 8

7 5 5 1 5 7 5 7 4 5 4 6 9 3 9 7 2 7 1 5 0 4 8

8 4 6 9 7 9 3 6 1 9 5 0 0 4 7 7 7 2 0 9 7 0 5

6 1 7 9 3 9 1 3 8 2 8 9 8 9 8 4 5 3 2 7 4 2 6

2 2 7 2 8 8 6 4 7 1 0 8 8 8 3 2 7 0 1 7 3 7 2

3 2 5 8 8 1 8 2 4 4 6 5 8 4 3 6 2 4 9 5 8 0 5

9 2 5 6 0 3 3 8 1 0 5 2 1 5 6 0 6 2 0 6 1 5 5

7 1 3 2 9 9 1 5 6 0 8 4 8 9 2 0 6 4 3 4 0 3 0

3 3 9 5 2 6 2 2 6 3 4 5 1 4 5 4 2 8 3 6 7 8 6

9 8 2 8 8 0 7 4 2 5 1 4 2 2 5 6 7 4 5 1 8 0 6

1 8 4 1 4 9 5 6 4 6 8 6 1 1 1 6 3 5 4 0 4 9 7

1 8 9 7 6 8 2 1 5 4 2 2 7 7 2 2 4 7 9 4 7 4 0

3 3 5 7 1 5 2 7 4 3 6 8 1 9 4 0 9 8 9 2 0 5 0

1 1 3 6 5 3 4 0 0 1 2 3 8 4 6 7 1 4 2 9 6 5 5

1 8 6 7 3 4 4 1 5 3 7 4 1 6 1 5 0 4 2 5 6 3 2

5 6 7 1 3 4 3 0 2 4 7 6 5 5 1 2 5 2 1 9 2 1 8

0 3 5 7 8 0 1 6 9 2 4 0 3 2 6 6 9 9 5 4 1 7 4

6 0 8 7 5 9 2 4 0 9 2 0 7 0 0 4 6 6 9 3 4 0 3

9 6 5 1 0 1 7 8 1 3 4 8 5 7 8 3 5 6 9 4 4 4 0

7 6 0 4 7 0 2 3 2 5 4 0 7 5 5 5 5 7 7 6 4 7 2

8 4 5 0 7 5 1 8 2 6 8 9 0 4 1 8 2 9 3 9 6 6 1

1 3 3 1 0 1 6 0 1 3 1 1 1 9 0 7 7 3 9 8 6 3 2

4 6 2 7 7 8 2 1 9 0 2 3 6 5 0 6 6 0 3 7 4 0 4

1 6 0 6 7 2 4 9 6 2 4 9 0 1 3 7 4 3 3 2 1 7 2

4 6 4 5 4 0 9 7 4 1 2 9 9 5 5 7 0 5 2 9 1 4 2

4 3 8 2 0 8 0 7 6 0 9 8 3 6 4 8 2 3 4 6 5 9 7

3 8 8 6 6 9 1 3 4 9 9 1 9 7 8 4 0 1 3 1 0 8 0

1 5 5 8 1 3 4 3 9 7 9 1 9 4 8 5 2 8 3 0 4 3 6

7 3 9 0 1 2 4 8 2 0 8 2 4 4 4 8 1 4 1 2 8 0 9

5 4 4 3 7 7 3 8 9 8 3 2 0 0 5 9 8 6 4 9 0 9 1

5 9 5 0 5 3 2 2 8 5 7 9 1 4 5 7 6 8 8 4 9 6 2

5 7 8 6 6 5 8 8 5 9 9 9 1 7 9 8 6 7 5 2 0 5 5

4 5 5 8 0 9 9 0 0 4 5 5 6 4 6 1 1 7 8 7 5 5 2

4 9 3 7 0 1 2 4 5 5 3 2 1 7 1 7 0 1 9 4 2 8 2

8 8 4 6 1 7 4 0 2 7 3 6 6 4 9 9 7 8 4 7 5 5 0

8 2 9 4 2 2 8 0 2 0 2 3 2 9 0 1 2 2 1 6 3 0 1

0 2 3 0 9 7 7 2 1 5 1 5 6 9 4 4 6 4 2 7 9 0 9

8 0 2 1 9 0 8 2 6 6 8 9 8 6 8 8 3 4 2 6 3 0 7

1 6 0 9 2 0 7 9 1 4 0 8 5 1 9 7 6 9 5 2 3 5 5

5 3 4 8 8 6 5 7 7 4 3 4 2 5 2 7 7 5 3 1 1 9 7

2 4 7 4 3 0 8 7 3 0 4 3 6 1 9 5 1 1 3 9 6 1 1

9 0 8 0 0 3 0 2 5 5 8 7 8 3 8 7 6 4 4 2 0 6 0

8 5 0 4 4 7 3 0 6 3 1 2 9 9 2 7 7 8 8 8 9 4 2

7 2 9 1 8 9 7 2 7 1 6 9 8 9 0 5 7 5 9 2 5 2 4

4 6 7 9 6 6 0 1 8 9 7 0 7 4 8 2 9 6 0 9 4 9 1

9 0 6 4 8 7 6 4 6 9 3 7 0 2 7 5 0 7 7 3 8 6 6

4 3 2 3 9 1 9 1 9 0 4 2 2 5 4 2 9 0 2 3 5 3 1

8 9 2 3 3 7 7 2 9 3 1 6 6 7 3 6 0 8 6 9 9 6 2

2 8 0 3 2 5 5 7 1 8 5 3 0 8 9 1 9 2 8 4 4 0 3

8 0 5 0 7 1 0 3 0 0 6 4 7 7 6 8 4 7 8 6 3 2 4

3 1 9 1 0 0 0 2 2 3 9 2 9 7 8 5 2 5 5 3 7 2 3

7 5 5 6 6 2 1 3 6 4 4 7 4 0 0 9 6 7 6 0 5 3 9

4 3 9 8 3 8 2 3 5 7 6 4 6 0 6 9 9 2 4 6 5 2 6

0 0 8 9 0 9 0 6 2 4 1 0 5 9 0 4 2 1 5 4 5 3 9

2 7 9 0 4 4 1 1 5 2 9 5 8 0 3 4 5 3 3 4 5 0 0

2 5 6 2 4 4 1 0 1 0 0 6 3 5 9 5 3 0 0 3 9 5 9
8 8 6 4 4 6 6 1 6 9 5 9 5 6 2 6 3 5 1 8 7 8 0
6 0 6 8 8 5 1 3 7 2 3 4 6 2 7 0 7 9 9 7 3 2 7
2 3 3 1 3 4 6 9 3 9 7 1 4 5 6 2 8 5 5 4 2 6 1
5 4 6 7 6 5 0 6 3 2 4 6 5 6 7 6 6 2 0 2 7 9 2
4 5 2 0 8 5 8 1 3 4 7 7 1 7 6 0 8 5 2 1 6 9 1
3 4 0 9 4 6 5 2 0 3 0 7 6 7 3 3 9 1 8 4 1 1 4
7 5 0 4 1 4 0 1 6 8 9 2 4 1 2 1 3 1 9 8 2 6 8
8 1 5 6 8 6 6 4 5 6 1 4 8 5 3 8 0 2 8 7 5 3 9
3 3 1 1 6 0 2 3 2 2 9 2 5 5 5 6 1 8 9 4 1 0 4
2 9 9 5 3 3 5 6 4 0 0 9 5 7 8 6 4 9 5 3 4 0 9
3 5 1 1 5 2 6 6 4 5 4 0 2 4 4 1 8 7 7 5 9 4 9
3 1 6 9 3 0 5 6 0 4 4 8 6 8 6 4 2 0 8 6 2 7 5
7 2 0 1 1 7 2 3 1 9 5 2 6 4 0 5 0 2 3 0 9 9 7
7 4 5 6 7 6 4 7 8 3 8 4 8 8 9 7 3 4 6 4 3 1 7
2 1 5 9 8 0 6 2 6 7 8 7 6 7 1 8 3 8 0 0 5 2 4
7 6 9 6 8 8 4 0 8 4 9 8 9 1 8 5 0 8 6 1 4 9 0
0 3 4 3 2 4 0 3 4 7 6 7 4 2 6 8 6 2 4 5 9 5 2
3 9 5 8 9 0 3 5 8 5 8 2 1 3 5 0 0 6 4 5 0 9 9
8 1 7 8 2 4 4 6 3 6 0 8 7 3 1 7 7 5 4 3 7 8 8
5 9 6 7 7 6 7 2 9 1 9 5 2 6 1 1 1 2 1 3 8 5 9

1 9 4 7 2 5 4 5 1 4 0 0 3 0 1 1 8 0 5 0 3 4 3
7 8 7 5 2 7 7 6 6 4 4 0 2 7 6 2 6 1 8 9 4 1 0
1 7 5 7 6 8 7 2 6 8 0 4 2 8 1 7 6 6 2 3 8 6 0
6 8 0 4 7 7 8 8 5 2 4 2 8 8 7 4 3 0 2 5 9 1 4
5 2 4 7 0 7 3 9 5 0 5 4 6 5 2 5 1 3 5 3 3 9 4
5 9 5 9 8 7 8 9 6 1 9 7 7 8 9 1 1 0 4 1 8 9 0
2 9 2 9 4 3 8 1 8 5 6 7 2 0 5 0 7 0 9 6 4 6 0
6 2 6 3 5 4 1 7 3 2 9 4 4 6 4 9 5 7 6 6 1 2 6
5 1 9 5 3 4 9 5 7 0 1 8 6 0 0 1 5 4 1 2 6 2 3
9 6 2 2 8 6 4 1 3 8 9 7 7 9 6 7 3 3 3 2 9 0 7
0 5 6 7 3 7 6 9 6 2 1 5 6 4 9 8 1 8 4 5 0 6 8
4 2 2 6 3 6 9 0 3 6 7 8 4 9 5 5 5 9 7 0 0 2 6
0 7 9 8 6 7 9 9 6 2 6 1 0 1 9 0 3 9 3 3 1 2 6
3 7 6 8 5 5 6 9 6 8 7 6 7 0 2 9 2 9 5 3 7 1 1
6 2 5 2 8 0 0 5 5 4 3 1 0 0 7 8 6 4 0 8 7 2 8
9 3 9 2 2 5 7 1 4 5 1 2 4 8 1 1 3 5 7 7 8 6 2
7 6 6 4 9 0 2 4 2 5 1 6 1 9 9 0 2 7 7 4 7 1 0
9 0 3 3 5 9 3 3 3 0 9 3 0 4 9 4 8 3 8 0 5 9 7
8 5 6 6 2 8 8 4 4 7 8 7 4 4 1 4 6 9 8 4 1 4 9
9 0 6 7 1 2 3 7 6 4 7 8 9 5 8 2 2 6 3 2 9 4 9
0 4 6 7 9 8 1 2 0 8 9 9 8 4 8 5 7 1 6 3 5 7 1

0 8 7 8 3 1 1 9 1 8 4 8 6 3 0 2 5 4 5 0 1 6 2

0 9 2 9 8 0 5 8 2 9 2 0 8 3 3 4 8 1 3 6 3 8 4

0 5 4 2 1 7 2 0 0 5 6 1 2 1 9 8 9 3 5 3 6 6 9

3 7 1 3 3 6 7 3 3 3 9 2 4 6 4 4 1 6 1 2 5 2 2

3 1 9 6 9 4 3 4 7 1 2 0 6 4 1 7 3 7 5 4 9 1 2

1 6 3 5 7 0 0 8 5 7 3 6 9 4 3 9 7 3 0 5 9 7 9

7 0 9 7 1 9 7 2 6 6 6 6 6 4 2 2 6 7 4 3 1 1 1

7 7 6 2 1 7 6 4 0 3 0 6 8 6 8 1 3 1 0 3 5 1 8

9 9 1 1 2 2 7 1 3 3 9 7 2 4 0 3 6 8 8 7 0 0 0

9 9 6 8 6 2 9 2 2 5 4 6 4 6 5 0 0 6 3 8 5 2 8

8 6 2 0 3 9 3 8 0 0 5 0 4 7 7 8 2 7 6 9 1 2 8

3 5 6 0 3 3 7 2 5 4 8 2 5 5 7 9 3 9 1 2 9 8 5

2 5 1 5 0 6 8 2 9 9 6 9 1 0 7 7 5 4 2 5 7 6 4

7 4 8 8 3 2 5 3 4 1 4 1 2 1 3 2 8 0 0 6 2 6 7

1 7 0 9 4 0 0 9 0 9 8 2 2 3 5 2 9 6 5 7 9 5 7

9 9 7 8 0 3 0 1 8 2 8 2 4 2 8 4 9 0 2 2 1 4 7

0 7 4 8 1 1 1 1 2 4 0 1 8 6 0 7 6 1 3 4 1 5 1

5 0 3 8 7 5 6 9 8 3 0 9 1 8 6 5 2 7 8 0 6 5 8

8 9 6 6 8 2 3 6 2 5 2 3 9 3 7 8 4 5 2 7 2 6 3

4 5 3 0 4 2 0 4 1 8 8 0 2 5 0 8 4 4 2 3 6 3 1

9 0 3 8 3 3 1 8 3 8 4 5 5 0 5 2 2 3 6 7 9 9 2

3 5 7 7 5 2 9 2 9 1 0 6 9 2 5 0 4 3 2 6 1 4 4
6 9 5 0 1 0 9 8 6 1 0 8 8 8 9 9 9 1 4 6 5 8 5
5 1 8 8 1 8 7 3 5 8 2 5 2 8 1 6 4 3 0 2 5 2 0
9 3 9 2 8 5 2 5 8 0 7 7 9 6 9 7 3 7 6 2 0 8 4
5 6 3 7 4 8 2 1 1 4 4 3 3 9 8 8 1 6 2 7 1 0 0
3 1 7 0 3 1 5 1 3 3 4 4 0 2 3 0 9 5 2 6 3 5 1
9 2 9 5 8 8 6 8 0 6 9 0 8 2 1 3 5 5 8 5 3 6 8
0 1 6 1 0 0 0 2 1 3 7 4 0 8 5 1 1 5 4 4 8 4 9
1 2 6 8 5 8 4 1 2 6 8 6 9 5 8 9 9 1 7 4 1 4 9
1 3 3 8 2 0 5 7 8 4 9 2 8 0 0 6 9 8 2 5 5 1 9
5 7 4 0 2 0 1 8 1 8 1 0 5 6 4 1 2 9 7 2 5 0 8
3 6 0 7 0 3 5 6 8 5 1 0 5 5 3 3 1 7 8 7 8 4 0
8 2 9 0 0 0 0 4 1 5 5 2 5 1 1 8 6 5 7 7 9 4 5
3 9 6 3 3 1 7 5 3 8 5 3 2 0 9 2 1 4 9 7 2 0 5
2 6 6 0 7 8 3 1 2 6 0 2 8 1 9 6 1 1 6 4 8 5 8
0 9 8 6 8 4 5 8 7 5 2 5 1 2 9 9 9 7 4 0 4 0 9
2 7 9 7 6 8 3 1 7 6 6 3 9 9 1 4 6 5 5 3 8 6 1
0 8 9 3 7 5 8 7 9 5 2 2 1 4 9 7 1 7 3 1 7 2 8
1 3 1 5 1 7 9 3 2 9 0 4 4 3 1 1 2 1 8 1 5 8 7
1 0 2 3 5 1 8 7 4 0 7 5 7 2 2 2 1 0 0 1 2 3 7
6 8 7 2 1 9 4 4 7 4 7 2 0 9 3 4 9 3 1 2 3 2 4

1 0 7 0 6 5 0 8 0 6 1 8 5 6 2 3 7 2 5 2 6 7 3

2 5 4 0 7 3 3 3 2 4 8 7 5 7 5 4 4 8 2 9 6 7 5

7 3 4 5 0 0 1 9 3 2 1 9 0 2 1 9 9 1 1 9 9 6 0

7 9 7 9 8 9 3 7 3 3 8 3 6 7 3 2 4 2 5 7 6 1 0

3 9 3 8 9 8 5 3 4 9 2 7 8 7 7 7 4 7 3 9 8 0 5

0 8 0 8 0 0 1 5 5 4 4 7 6 4 0 6 1 0 5 3 5 2 2

2 0 2 3 2 5 4 0 9 4 4 3 5 6 7 7 1 8 7 9 4 5 6

5 4 3 0 4 0 6 7 3 5 8 9 6 4 9 1 0 1 7 6 1 0 7

7 5 9 4 8 3 6 4 5 4 0 8 2 3 4 8 6 1 3 0 2 5 4

7 1 8 4 7 6 4 8 5 1 8 9 5 7 5 8 3 6 6 7 4 3 9

9 7 9 1 5 0 8 5 1 2 8 5 8 0 2 0 6 0 7 8 2 0 5

5 4 4 6 2 9 9 1 7 2 3 2 0 2 0 2 8 2 2 2 9 1 4

8 8 6 9 5 9 3 9 9 7 2 9 9 7 4 2 9 7 4 7 1 1 5

5 3 7 1 8 5 8 9 2 4 2 3 8 4 9 3 8 5 5 8 5 8 5

9 5 4 0 7 4 3 8 1 0 4 8 8 2 6 2 4 6 4 8 7 8 8

0 5 3 3 0 4 2 7 1 4 6 3 0 1 1 9 4 1 5 8 9 8 9

6 3 2 8 7 9 2 6 7 8 3 2 7 3 2 2 4 5 6 1 0 3 8

5 2 1 9 7 0 1 1 1 3 0 4 6 6 5 8 7 1 0 0 5 0 0

0 8 3 2 8 5 1 7 7 3 1 1 7 7 6 4 8 9 7 3 5 2 3

0 9 2 6 6 6 1 2 3 4 5 8 8 8 7 3 1 0 2 8 8 3 5

1 5 6 2 6 4 4 6 0 2 3 6 7 1 9 9 6 6 4 4 5 5 4

7 2 7 6 0 8 3 1 0 1 1 8 7 8 8 3 8 9 1 5 1 1 4

9 3 4 0 9 3 9 3 4 4 7 5 0 0 7 3 0 2 5 8 5 5 8

1 4 7 5 6 1 9 0 8 8 1 3 9 8 7 5 2 3 5 7 8 1 2

3 3 1 3 4 2 2 7 9 8 6 6 5 0 3 5 2 2 7 2 5 3 6

7 1 7 1 2 3 0 7 5 6 8 6 1 0 4 5 0 0 4 5 4 8 9

7 0 3 6 0 0 7 9 5 6 9 8 2 7 6 2 6 3 9 2 3 4 4

1 0 7 1 4 6 5 8 4 8 9 5 7 8 0 2 4 1 4 0 8 1 5

8 4 0 5 2 2 9 5 3 6 9 3 7 4 9 9 7 1 0 6 6 5 5

9 4 8 9 4 4 5 9 2 4 6 2 8 6 6 1 9 9 6 3 5 5 6

3 5 0 6 5 2 6 2 3 4 0 5 3 3 9 4 3 9 1 4 2 1 1

1 2 7 1 8 1 0 6 9 1 0 5 2 2 9 0 0 2 4 6 5 7 4

2 3 6 0 4 1 3 0 0 9 3 6 9 1 8 8 9 2 5 5 8 6 5

7 8 4 6 6 8 4 6 1 2 1 5 6 7 9 5 5 4 2 5 6 6 0

5 4 1 6 0 0 5 0 7 1 2 7 6 6 4 1 7 6 6 0 5 6 8

7 4 2 7 4 2 0 0 3 2 9 5 7 7 1 6 0 6 4 3 4 4 8

6 0 6 2 0 1 2 3 9 8 2 1 6 9 8 2 7 1 7 2 3 1 9

7 8 2 6 8 1 6 6 2 8 2 4 9 9 3 8 7 1 4 9 9 5 4

4 9 1 3 7 3 0 2 0 5 1 8 4 3 6 6 9 0 7 6 7 2 3

5 7 7 4 0 0 0 5 3 9 3 2 6 6 2 6 2 2 7 6 0 3 2

3 6 5 9 7 5 1 7 1 8 9 2 5 9 0 1 8 0 1 1 0 4 2

9 0 3 8 4 2 7 4 1 8 5 5 0 7 8 9 4 8 8 7 4 3 8

8 3 2 7 0 3 0 6 3 2 8 3 2 7 9 9 6 3 0 0 7 2 0

0 6 9 8 0 1 2 2 4 4 3 6 5 1 1 6 3 9 4 0 8 6 9

2 2 2 2 0 7 4 5 3 2 0 2 4 4 6 2 4 1 2 1 1 5 5

8 0 4 3 5 4 5 4 2 0 6 4 2 1 5 1 2 1 5 8 5 0 5

6 8 9 6 1 5 7 3 5 6 4 1 4 3 1 3 0 6 8 8 8 3 4

4 3 1 8 5 2 8 0 8 5 3 9 7 5 9 2 7 7 3 4 4 3 3

6 5 5 3 8 4 1 8 8 3 4 0 3 0 3 5 1 7 8 2 2 9 4

6 2 5 3 7 0 2 0 1 5 7 8 2 1 5 7 3 7 3 2 6 5 5

2 3 1 8 5 7 6 3 5 5 4 0 9 8 9 5 4 0 3 3 2 3 6

3 8 2 3 1 9 2 1 9 8 9 2 1 7 1 1 7 7 4 4 9 4 6

9 4 0 3 6 7 8 2 9 6 1 8 5 9 2 0 8 0 3 4 0 3 8

6 7 5 7 5 8 3 4 1 1 1 5 1 8 8 2 4 1 7 7 4 3 9

1 4 5 0 7 7 3 6 6 3 8 4 0 7 1 8 8 0 4 8 9 3 5

8 2 5 6 8 6 8 5 4 2 0 1 1 6 4 5 0 3 1 3 5 7 6

3 3 3 5 5 5 0 9 4 4 0 3 1 9 2 3 6 7 2 0 3 4 8

6 5 1 0 1 0 5 6 1 0 4 9 8 7 2 7 2 6 4 7 2 1 3

1 9 8 6 5 4 3 4 3 5 4 5 0 4 0 9 1 3 1 8 5 9 5

1 3 1 4 5 1 8 1 2 7 6 4 3 7 3 1 0 4 3 8 9 7 2

5 0 7 0 0 4 9 8 1 9 8 7 0 5 2 1 7 6 2 7 2 4 9

4 0 6 5 2 1 4 6 1 9 9 5 9 2 3 2 1 4 2 3 1 4 4

3 9 7 7 6 5 4 6 7 0 8 3 5 1 7 1 4 7 4 9 3 6 7

9 8 6 1 8 6 5 5 2 7 9 1 7 1 5 8 2 4 0 8 0 6 5
1 0 6 3 7 9 9 5 0 0 1 8 4 2 9 5 9 3 8 7 9 9 1
5 8 3 5 0 1 7 1 5 8 0 7 5 9 8 8 3 7 8 4 9 6 2
2 5 7 3 9 8 5 1 2 1 2 9 8 1 0 3 2 6 3 7 9 3 7
6 2 1 8 3 2 2 4 5 6 5 9 4 2 3 6 6 8 5 3 7 6 7
9 9 1 1 3 1 4 0 1 0 8 0 4 3 1 3 9 7 3 2 3 3 5
4 4 9 0 9 0 8 2 4 9 1 0 4 9 9 1 4 3 3 2 5 8 4
3 2 9 8 8 2 1 0 3 3 9 8 4 6 9 8 1 4 1 7 1 5 7
5 6 0 1 0 8 2 9 7 0 6 5 8 3 0 6 5 2 1 1 3 4 7
0 7 6 8 0 3 6 8 0 6 9 5 3 2 2 9 7 1 9 9 0 5 9
9 9 0 4 4 5 1 2 0 9 0 8 7 2 7 5 7 7 6 2 2 5 3
5 1 0 4 0 9 0 2 3 9 2 8 8 8 7 7 9 4 2 4 6 3 0
4 8 3 2 8 0 3 1 9 1 3 2 7 1 0 4 9 5 4 7 8 5 9
9 1 8 0 1 9 6 9 6 7 8 3 5 3 2 1 4 6 4 4 4 1 1
8 9 2 6 0 6 3 1 5 2 6 6 1 8 1 6 7 4 4 3 1 9 3
5 5 0 8 1 7 0 8 1 8 7 5 4 7 7 0 5 0 8 0 2 6 5
4 0 2 5 2 9 4 1 0 9 2 1 8 2 6 4 8 5 8 2 1 3 8
5 7 5 2 6 6 8 8 1 5 5 5 8 4 1 1 3 1 9 8 5 6 0
0 2 2 1 3 5 1 5 8 8 8 7 2 1 0 3 6 5 6 9 6 0 8
7 5 1 5 0 6 3 1 8 7 5 3 3 0 0 2 9 4 2 1 1 8 6
8 2 2 2 1 8 9 3 7 7 5 5 4 6 0 2 7 2 2 7 2 9 1

2 9 0 5 0 4 2 9 2 2 5 9 7 8 7 7 1 0 6 6 7 8 7

3 8 4 0 0 0 0 6 1 6 7 7 2 1 5 4 6 3 8 4 4 1 2

9 2 3 7 1 1 9 3 5 2 1 8 2 8 4 9 9 8 2 4 3 5 0

9 2 0 8 9 1 8 0 1 6 8 5 5 7 2 7 9 8 1 5 6 4 2

1 8 5 8 1 9 1 1 9 7 4 9 0 9 8 5 7 3 0 5 7 0 3

3 2 6 6 7 6 4 6 4 6 0 7 2 8 7 5 7 4 3 0 5 6 5

3 7 2 6 0 2 7 6 8 9 8 2 3 7 3 2 5 9 7 4 5 0 8

4 4 7 9 6 4 9 5 4 5 6 4 8 0 3 0 7 7 1 5 9 8 1

5 3 9 5 5 8 2 7 7 7 9 1 3 9 3 7 3 6 0 1 7 1 7

4 2 2 9 9 6 0 2 7 3 5 3 1 0 2 7 6 8 7 1 9 4 4

9 4 4 4 9 1 7 9 3 9 7 8 5 1 4 4 6 3 1 5 9 7 3

1 4 4 3 5 3 5 1 8 5 0 4 9 1 4 1 3 9 4 1 5 5 7

3 2 9 3 8 2 0 4 8 5 4 2 1 2 3 5 0 8 1 7 3 9 1

2 5 4 9 7 4 9 8 1 9 3 0 8 7 1 4 3 9 6 6 1 5 1

3 2 9 4 2 0 4 5 9 1 9 3 8 0 1 0 6 2 3 1 4 2 1

7 7 4 1 9 9 1 8 4 0 6 0 1 8 0 3 4 7 9 4 9 8 8

7 6 9 1 0 5 1 5 5 7 9 0 5 5 5 4 8 0 6 9 5 3 8

7 8 5 4 0 0 6 6 4 5 3 3 7 5 9 8 1 8 6 2 8 4 6

4 1 9 9 0 5 2 2 0 4 5 2 8 0 3 3 0 6 2 6 3 6 9

5 6 2 6 4 9 0 9 1 0 8 2 7 6 2 7 1 1 5 9 0 3 8

5 6 9 9 5 0 5 1 2 4 6 5 2 9 9 9 6 0 6 2 8 5 5

4 4 3 8 3 8 3 3 0 3 2 7 6 3 8 5 9 9 8 0 0 7 9

2 9 2 2 8 4 6 6 5 9 5 0 3 5 5 1 2 1 1 2 4 5 2

8 4 0 8 7 5 1 6 2 2 9 0 6 0 2 6 2 0 1 1 8 5 7

7 7 5 3 1 3 7 4 7 9 4 9 3 6 2 0 5 5 4 9 6 4 0

1 0 7 3 0 0 1 3 4 8 8 5 3 1 5 0 7 3 5 4 8 7 3

5 3 9 0 5 6 0 2 9 0 8 9 3 3 5 2 6 4 0 0 7 1 3

2 7 4 7 3 2 6 2 1 9 6 0 3 1 1 7 7 3 4 3 3 9 4

3 6 7 3 3 8 5 7 5 9 1 2 4 5 0 8 1 4 9 3 3 5 7

3 6 9 1 1 6 6 4 5 4 1 2 8 1 7 8 8 1 7 1 4 5 4

0 2 3 0 5 4 7 5 0 6 6 7 1 3 6 5 1 8 2 5 8 2 8

4 8 9 8 0 9 9 5 1 2 1 3 9 1 9 3 9 9 5 6 3 3 2

4 1 3 3 6 5 5 6 7 7 7 0 9 8 0 0 3 0 8 1 9 1 0

2 7 2 0 4 0 9 9 7 1 4 8 6 8 7 4 1 8 1 3 4 6 6

7 0 0 6 0 9 4 0 5 1 0 2 1 4 6 2 6 9 0 2 8 0 4

4 9 1 5 9 6 4 6 5 4 5 3 3 0 1 0 7 7 5 4 6 9 5

4 1 3 0 8 8 7 1 4 1 6 5 3 1 2 5 4 4 8 1 3 0 6

1 1 9 2 4 0 7 8 2 1 1 8 8 6 9 0 0 5 6 0 2 7 7

8 1 8 2 4 2 3 5 0 2 2 6 9 6 1 8 9 3 4 4 3 5 2

5 4 7 6 3 3 5 7 3 5 3 6 4 8 5 6 1 9 3 6 3 2 5

4 4 1 7 7 5 6 6 1 3 9 8 1 7 0 3 9 3 0 6 3 2 8

7 2 1 6 6 9 0 5 7 2 2 2 5 9 7 4 5 2 0 9 1 9 2

9 1 7 2 6 2 1 9 9 8 4 4 4 0 9 6 4 6 1 5 8 2 6

9 4 5 6 3 8 0 2 3 9 5 0 2 8 3 7 1 2 1 6 8 6 4

4 6 5 6 1 7 8 5 2 3 5 5 6 5 1 6 4 1 2 7 7 1 2

8 2 6 9 1 8 6 8 8 6 1 5 5 7 2 7 1 6 2 0 1 4 7

4 9 3 4 0 5 2 2 7 6 9 4 6 5 9 5 7 1 2 1 9 8 3

1 4 9 4 3 3 8 1 6 2 2 1 1 4 0 0 6 9 3 6 3 0 7

4 3 0 4 4 4 1 7 3 2 8 4 7 8 6 1 0 1 7 7 7 4

3 8 3 7 9 7 7 0 3 7 2 3 1 7 9 5 2 5 5 4 3 4 1

0 7 2 2 3 4 4 5 5 1 2 5 5 5 5 8 9 9 9 8 6 4 6

1 8 3 8 7 6 7 6 4 9 0 3 9 7 2 4 6 1 1 6 7 9 5

9 0 1 8 1 0 0 0 3 5 0 9 8 9 2 8 6 4 1 2 0 4 1

9 5 1 6 3 5 5 1 1 0 8 7 6 3 2 0 4 2 6 7 6 1 2

9 7 9 8 2 6 5 2 9 4 2 5 8 8 2 9 5 1 1 4 1 2 7

5 8 4 1 2 6 2 7 3 2 7 9 0 7 9 8 8 0 7 5 5 9 7

5 1 8 5 1 5 7 6 8 4 1 2 6 4 7 4 2 2 0 9 4 7 9

7 2 1 8 4 3 3 0 9 3 5 2 9 7 2 6 6 5 2 1 0 0 1

5 6 6 2 5 1 4 5 5 2 9 9 4 7 4 5 1 2 7 6 3 1 5

5 0 9 1 7 6 3 6 7 3 0 2 5 9 4 6 2 1 3 2 9 3 0

1 9 0 4 0 2 8 3 7 9 5 4 2 4 6 3 2 3 2 5 8 5 5

0 3 0 1 0 9 6 7 0 6 9 2 2 7 2 0 2 2 7 0 7 4 8

6 3 4 1 9 0 0 5 4 3 8 3 0 2 6 5 0 6 8 1 2 1 4

1 4 2 1 3 5 0 5 7 1 5 4 1 7 5 0 5 7 5 0 8 6 3
9 9 0 7 6 7 3 9 4 6 3 3 5 1 4 6 2 0 9 0 8 2 8
8 8 9 3 4 9 3 8 3 7 6 4 3 9 3 9 9 2 5 6 9 0 0
6 0 4 0 6 7 3 1 1 4 2 2 0 9 3 3 1 2 1 9 5 9 3
6 2 0 2 9 8 2 9 7 2 3 5 1 1 6 3 2 5 9 3 8 6 7
7 2 2 4 1 4 7 7 9 1 1 6 2 9 5 7 2 7 8 0 7 5 2
3 9 5 0 5 6 2 5 1 5 8 1 6 0 3 1 3 3 3 5 9 3 8
2 3 1 1 5 0 0 5 1 8 6 2 6 8 9 0 5 3 0 6 5 8 3
6 8 1 2 9 9 8 8 1 0 8 6 6 3 2 6 3 2 7 1 9 8 0
6 1 1 2 7 1 5 4 8 8 5 8 7 9 8 0 9 3 4 8 7 9 1
2 9 1 3 7 0 7 4 9 8 2 3 0 5 7 5 9 2 9 0 9 1 8
6 2 9 3 9 1 9 5 0 1 4 7 2 1 1 9 7 5 8 6 0 6 7
2 7 0 0 9 2 5 4 7 7 1 8 0 2 5 7 5 0 3 3 7 7 3
0 7 9 9 3 9 7 1 3 4 5 3 9 5 3 2 6 4 6 1 9 5 2
6 9 9 9 6 5 9 6 3 8 5 6 5 4 9 1 7 5 9 0 4 5 8
3 3 3 5 8 5 7 9 9 1 0 2 0 1 2 7 1 3 2 0 4 5 8
3 9 0 3 2 0 0 8 5 3 8 7 8 8 8 1 6 3 3 6 3 7 6
8 5 1 8 2 0 8 3 7 2 7 8 8 5 1 3 1 1 7 5 2 2 7
7 6 9 6 0 9 7 8 7 9 6 2 1 4 2 3 7 2 1 6 2 5 4
5 2 1 4 5 9 1 2 8 1 8 3 1 7 9 8 2 1 6 0 4 4 1
1 1 3 1 1 6 7 1 4 0 6 9 1 4 8 2 7 1 7 0 9 8 1

0 1 5 4 5 7 7 8 1 9 3 9 2 0 2 3 1 1 5 6 3 8 7
1 9 5 0 8 0 5 0 2 4 6 7 9 7 2 5 7 9 2 4 9 7 6
0 5 7 7 2 6 2 5 9 1 3 3 2 8 5 5 9 7 2 6 3 7 1
2 1 1 2 0 1 9 0 5 7 2 0 7 7 1 4 0 9 1 4 8 6 4
5 0 7 4 0 9 4 9 2 6 7 1 8 0 3 5 8 1 5 1 5 7 5
7 1 5 1 4 0 5 0 3 9 7 6 1 0 9 6 3 8 4 6 7 5 5
5 6 9 2 9 8 9 7 0 3 8 3 5 4 7 3 1 4 1 0 0 2 2
3 8 0 2 5 8 3 4 6 8 7 6 7 3 5 0 1 2 9 7 7 5 4
1 3 2 7 9 5 3 2 0 6 0 9 7 1 1 5 4 5 0 6 4 8 4
2 1 2 1 8 5 9 3 6 4 9 0 9 9 7 9 1 7 7 6 6 8 7
4 7 7 4 4 8 1 8 8 2 8 7 0 6 3 2 3 1 5 5 1 5 8
6 5 0 3 2 8 9 8 1 6 4 2 2 8 2 8 8 2 3 2 7 4 6
8 6 6 1 0 6 5 9 2 7 3 2 1 9 7 9 0 7 1 6 2 3 8
4 6 4 2 1 5 3 4 8 9 8 5 2 4 7 6 2 1 6 7 8 9 0
5 0 2 6 0 9 9 8 0 4 5 2 6 6 4 8 3 9 2 9 5 4 2
3 5 7 2 8 7 3 4 3 9 7 7 6 8 0 4 9 5 7 7 4 0 9
1 4 4 9 5 3 8 3 9 1 5 7 5 5 6 5 4 8 5 4 5 9 0
5 8 9 7 6 4 9 5 1 9 8 5 1 3 8 0 1 0 0 7 9 5 8
0 1 0 7 8 3 7 5 9 9 4 5 7 7 5 2 9 9 1 9 6 7 0
0 5 4 7 6 0 2 2 5 2 5 5 2 0 3 4 4 5 3 9 8 8 7
1 2 5 3 8 7 8 0 1 7 1 9 6 0 7 1 8 1 6 4 0 7 8

1 2 4 8 4 7 8 4 7 2 5 7 9 1 2 4 0 7 8 2 4 5 4
4 3 6 1 6 8 2 3 4 5 2 3 9 5 7 0 6 8 9 5 1 4 2
7 2 2 6 9 7 5 0 4 3 1 8 7 3 6 3 3 2 6 3 0 1 1
1 0 3 0 5 3 4 2 3 3 3 5 8 2 1 6 0 9 3 3 3 1 9
1 2 1 8 8 0 6 6 0 8 2 6 8 3 4 1 4 2 8 9 1 0 4
1 5 1 7 3 2 4 7 2 1 6 0 5 3 3 5 5 8 4 9 9 9 3
2 2 4 5 4 8 7 3 0 7 7 8 8 2 2 9 0 5 2 5 2 3 2
4 2 3 4 8 6 1 5 3 1 5 2 0 9 7 6 9 3 8 4 6 1 0
4 2 5 8 2 8 4 9 7 1 4 9 6 3 4 7 5 3 4 1 8 3 7
5 6 2 0 0 3 0 1 4 9 1 5 7 0 3 2 7 9 6 8 5 3 0
1 8 6 8 6 3 1 5 7 2 4 8 8 4 0 1 5 2 6 6 3 9 8
3 5 6 8 9 5 6 3 6 3 4 6 5 7 4 3 5 3 2 1 7 8 3
4 9 3 1 9 9 8 2 5 5 4 2 1 1 7 3 0 8 4 6 7 7 4
5 2 9 7 0 8 5 8 3 9 5 0 7 6 1 6 4 5 8 2 2 9 6
3 0 3 2 4 4 2 4 3 2 8 2 3 7 7 3 7 4 5 0 5 1 7
0 2 8 5 6 0 6 9 8 0 6 7 8 8 9 5 2 1 7 6 8 1 9
8 1 5 6 7 1 0 7 8 1 6 3 3 4 0 5 2 6 6 7 5 9 5
3 9 4 2 4 9 2 6 2 8 0 7 5 6 9 6 8 3 2 6 1 0 7
4 9 5 3 2 3 3 9 0 5 3 6 2 2 3 0 9 0 8 0 7 0 8
1 4 5 5 9 1 9 8 3 7 3 5 5 3 7 7 7 4 8 7 4 2 0
2 9 0 3 9 0 1 8 1 4 2 9 3 7 3 1 1 5 2 9 3 3 4

6 4 4 4 6 8 1 5 1 2 1 2 9 4 5 0 9 7 5 9 6 5 3
4 3 0 6 2 8 4 2 1 5 3 1 9 4 4 5 7 2 7 1 1 8 6
1 4 9 0 0 0 1 7 6 5 0 5 5 8 1 7 7 0 9 5 3 0 2
4 6 8 8 7 5 2 6 3 2 5 0 1 1 9 7 0 5 2 0 9 4 7
6 1 5 9 4 1 6 7 6 8 7 2 7 7 8 4 4 7 2 0 0 0 1
9 2 7 8 9 1 3 7 2 5 1 8 4 1 6 2 2 8 5 7 7 8 3
7 9 2 2 8 4 4 3 9 0 8 4 3 0 1 1 8 1 1 2 1 4 9
6 3 6 6 4 2 4 6 5 9 0 3 3 6 3 4 1 9 4 5 4 0 6
5 7 1 8 3 5 4 4 7 7 1 9 1 2 4 4 6 6 2 1 2 5 9
3 9 2 6 5 6 6 2 0 3 0 6 8 8 8 5 2 0 0 5 5 5 9
9 1 2 1 2 3 5 3 6 3 7 1 8 2 2 6 9 2 2 5 3 1 7
8 1 4 5 8 7 9 2 5 9 3 7 5 0 4 4 1 4 4 8 9 3 3
9 8 1 6 0 8 6 5 7 9 0 0 8 7 6 1 6 5 0 2 4 6 3
5 1 9 7 0 4 5 8 2 8 8 9 5 4 8 1 7 9 3 7 5 6 6
8 1 0 4 6 4 7 4 6 1 4 1 0 5 1 4 2 4 9 8 8 7 0
2 5 2 1 3 9 9 3 6 8 7 0 5 0 9 3 7 2 3 0 5 4 4
7 7 3 4 1 1 2 6 4 1 3 5 4 8 9 2 8 0 6 8 4 1 0
5 9 1 0 7 7 1 6 6 7 7 8 2 1 2 3 8 3 3 2 8 1 0
2 6 2 1 8 5 5 8 7 7 5 1 3 1 2 7 2 1 1 7 9 3 4
4 4 4 8 2 0 1 4 4 0 4 2 5 7 4 5 0 8 3 0 6 3 9
4 4 7 3 8 3 6 3 7 9 3 9 0 6 2 8 3 0 0 8 9 7 3

3 0 6 2 4 1 3 8 0 6 1 4 5 8 9 4 1 4 2 2 7 6 9

4 7 4 7 9 3 1 6 6 5 7 1 7 6 2 3 1 8 2 4 7 2 1

6 8 3 5 0 6 7 8 0 7 6 4 8 7 5 7 3 4 2 0 4 9 1

5 5 7 6 2 8 2 1 7 5 8 3 9 7 2 9 7 5 1 3 4 4 7

8 9 9 0 6 9 6 5 8 9 5 3 2 5 4 8 9 4 0 3 3 5 6

1 5 6 1 3 1 6 7 4 0 3 2 7 6 4 7 2 4 6 9 2 1 2

5 0 5 7 5 9 1 1 6 2 5 1 5 2 9 6 5 4 5 6 8 5 4

4 6 3 3 4 9 8 1 1 4 3 1 7 6 7 0 2 5 7 2 9 5 6

6 1 8 4 4 7 7 5 4 8 7 4 6 9 3 7 8 4 6 4 2 3 3

7 3 7 2 3 8 9 8 1 9 2 0 6 6 2 0 4 8 5 1 1 8 9

4 3 7 8 8 6 8 2 2 4 8 0 7 2 7 9 3 5 2 0 2 2 5

0 1 7 9 6 5 4 5 3 4 3 7 5 7 2 7 4 1 6 3 9 1 0

7 9 1 9 7 2 9 5 2 9 5 0 8 1 2 9 4 2 9 2 2 2 0

5 3 4 7 7 1 7 3 0 4 1 8 4 4 7 7 9 1 5 6 7 3 9

9 1 7 3 8 4 1 8 3 1 1 7 1 0 3 6 2 5 2 4 3 9 5

7 1 6 1 5 2 7 1 4 6 6 9 0 0 5 8 1 4 7 0 0 0 0

2 6 3 3 0 1 0 4 5 2 6 4 3 5 4 7 8 6 5 9 0 3 2

9 0 7 3 3 2 0 5 4 6 8 3 3 8 8 7 2 0 7 8 7 3 5

4 4 4 7 6 2 6 4 7 9 2 5 2 9 7 6 9 0 1 7 0 9 1

2 0 0 7 8 7 4 1 8 3 7 3 6 7 3 5 0 8 7 7 1 3 3

7 6 9 7 7 6 8 3 4 9 6 3 4 4 2 5 2 4 1 9 9 4 9

9 5 1 3 8 8 3 1 5 0 7 4 8 7 7 5 3 7 4 3 3 8 4

9 4 5 8 2 5 9 7 6 5 5 6 0 9 9 6 5 5 5 9 5 4 3

1 8 0 4 0 9 2 0 1 7 8 4 9 7 1 8 4 6 8 5 4 9 7

3 7 0 6 9 6 2 1 2 0 8 8 5 2 4 3 7 7 0 1 3 8 5

3 7 5 7 6 8 1 4 1 6 6 3 2 7 2 2 4 1 2 6 3 4 4

2 3 9 8 2 1 5 2 9 4 1 6 4 5 3 7 8 0 0 0 4 9 2

5 0 7 2 6 2 7 6 5 1 5 0 7 8 9 0 8 5 0 7 1 2 6

5 9 9 7 0 3 6 7 0 8 7 2 6 6 9 2 7 6 4 3 0 8 3

7 7 2 2 9 6 8 5 9 8 5 1 6 9 1 2 2 3 0 5 0 3 7

4 6 2 7 4 4 3 1 0 8 5 2 9 3 4 3 0 5 2 7 3 0 7

8 8 6 5 2 8 3 9 7 7 3 3 5 2 4 6 0 1 7 4 6 3 5

2 7 7 0 3 2 0 5 9 3 8 1 7 9 1 2 5 3 9 6 9 1 5

6 2 1 0 6 3 6 3 7 6 2 5 8 8 2 9 3 7 5 7 1 3 7

3 8 4 0 7 5 4 4 0 6 4 6 8 9 6 4 7 8 3 1 0 0 7

0 4 5 8 0 6 1 3 4 4 6 7 3 1 2 7 1 5 9 1 1 9 4

6 0 8 4 3 5 9 3 5 8 2 5 9 8 7 7 8 2 8 3 5 2 6

6 5 3 1 1 5 1 0 6 5 0 4 1 6 2 3 2 9 5 3 2 9 0

4 7 7 7 2 1 7 4 0 8 3 5 5 9 3 4 9 7 2 3 7 5 8

5 5 2 1 3 8 0 4 8 3 0 5 0 9 0 0 0 9 6 4 6 6 7

6 0 8 8 3 0 1 5 4 0 6 1 2 8 2 4 3 0 8 7 4 0 6

4 5 5 9 4 4 3 1 8 5 3 4 1 3 7 5 5 2 2 0 1 6 6

3 0 5 8 1 2 1 1 1 0 3 3 4 5 3 1 2 0 7 4 5 0 8
6 8 2 4 3 3 9 4 3 2 1 5 9 0 4 3 5 9 4 4 3 0 3
1 2 4 3 1 2 2 7 4 7 1 3 8 5 8 4 2 0 3 0 3 9 0
1 0 6 0 7 0 9 4 0 3 1 5 2 3 5 5 5 6 1 7 2 7 6
7 9 9 4 1 6 0 0 2 0 3 9 3 9 7 5 0 9 9 8 9 7 6
2 9 3 3 5 3 2 5 8 5 5 5 7 5 6 2 4 8 0 8 9 9 6
6 9 1 8 2 9 8 6 4 2 2 2 6 7 7 5 0 2 3 6 0 1 9
3 2 5 7 9 7 4 7 2 6 7 4 2 5 7 8 2 1 1 1 1 9 7
3 4 7 0 9 4 0 2 3 5 7 4 5 7 2 2 2 2 7 1 2 1 2
5 2 6 8 5 2 3 8 4 2 9 5 8 7 4 2 7 3 5 0 1 5 6
3 6 6 0 0 9 3 1 8 8 0 4 5 4 9 3 3 3 8 9 8 9 7
4 1 5 7 1 4 9 0 5 4 4 1 8 2 5 5 9 7 3 8 0 8 0
8 7 1 5 6 5 2 8 1 4 3 0 1 0 2 6 7 0 4 6 0 2 8
4 3 1 6 8 1 9 2 3 0 3 9 2 5 3 5 2 9 7 7 9 5 7
6 5 8 6 2 4 1 4 3 9 2 7 0 1 5 4 9 7 4 0 8 7 9
2 7 3 1 3 1 0 5 1 6 3 6 1 1 9 1 3 7 5 7 7 0 0
8 9 2 9 5 6 4 8 2 3 3 2 3 6 4 8 2 9 8 2 6 3 0
2 4 6 0 7 9 7 5 8 7 5 7 6 7 7 4 5 3 7 7 1 6 0
1 0 2 4 9 0 8 0 4 6 2 4 3 0 1 8 5 6 5 2 4 1 6
1 7 5 6 6 5 5 6 0 0 1 6 0 8 5 9 1 2 1 5 3 4 5
5 6 2 6 7 6 0 2 1 9 2 6 8 9 9 8 2 8 5 5 3 7 7

8 7 2 5 8 3 1 4 5 1 4 4 0 8 2 6 5 4 5 8 3 4 8

4 4 0 9 4 7 8 4 6 3 1 7 8 7 7 7 3 7 4 7 9 4 6

5 3 5 8 0 1 6 9 9 6 0 7 7 9 4 0 5 5 6 8 7 0 1

1 9 2 3 2 8 6 0 8 0 4 1 1 3 0 9 0 4 6 2 9 3 5

0 8 7 1 8 2 7 1 2 5 9 3 4 6 6 8 7 1 2 7 6 6 6

9 4 8 7 3 8 9 9 8 2 4 5 9 8 5 2 7 7 8 6 4 9 9

5 6 9 1 6 5 4 6 4 0 2 9 4 5 8 9 3 5 0 6 4 9 6

4 3 3 5 8 0 9 8 2 4 7 6 5 9 6 5 1 6 5 1 4 2 0

9 0 9 8 6 7 5 5 2 0 3 8 0 8 3 0 9 2 0 3 2 3 0

4 8 7 3 4 2 7 0 3 4 6 8 2 8 8 7 5 1 6 0 4 0 7

1 5 4 6 6 5 3 8 3 4 6 1 9 6 1 1 2 2 3 0 1 3 7

5 9 4 5 1 5 7 9 2 5 2 6 9 6 7 4 3 6 4 2 5 3 1

9 2 7 3 9 0 0 3 6 0 3 8 6 0 8 2 3 6 4 5 0 7 6

2 6 9 8 8 2 7 4 9 7 6 1 8 7 2 3 5 7 5 4 7 6 7

6 2 8 8 9 9 5 0 7 5 2 1 1 4 8 0 4 8 5 2 5 2 7

9 5 0 8 4 5 0 3 3 9 5 8 5 7 0 8 3 8 1 3 0 4 7

6 9 3 7 8 8 1 3 2 1 1 2 3 6 7 4 2 8 1 3 1 9 4

8 7 9 5 0 2 2 8 0 6 6 3 2 0 1 7 0 0 2 2 4 6 0

3 3 1 9 8 9 6 7 1 9 7 0 6 4 9 1 6 3 7 4 1 1 7

5 8 5 4 8 5 1 8 7 8 4 8 4 0 1 2 0 5 4 8 4 4 6

7 2 5 8 8 8 5 1 4 0 1 5 6 2 7 2 5 0 1 9 8 2 1

7 1 9 0 6 6 9 6 0 8 1 2 6 2 7 7 8 5 4 8 5 9 6

4 8 1 8 3 6 9 6 2 1 4 1 0 7 2 1 7 1 4 2 1 4 9

8 6 3 6 1 9 1 8 7 7 4 7 5 4 5 0 9 6 5 0 3 0 8

9 5 7 0 9 9 4 7 0 9 3 4 3 3 7 8 5 6 9 8 1 6 7

4 4 6 5 8 2 8 2 6 7 9 1 1 9 4 0 6 1 1 9 5 6 0

3 7 8 4 5 3 9 7 8 5 5 8 3 9 2 4 0 7 6 1 2 7 6

3 4 4 1 0 5 7 6 6 7 5 1 0 2 4 3 0 7 5 5 9 8 1

4 5 5 2 7 8 6 1 6 7 8 1 5 9 4 9 6 5 7 0 6 2 5

5 9 7 5 5 0 7 4 3 0 6 5 2 1 0 8 5 3 0 1 5 9 7

9 0 8 0 7 3 3 4 3 7 3 6 0 7 9 4 3 2 8 6 6 7 5

7 8 9 0 5 3 3 4 8 3 6 6 9 5 5 5 4 8 6 8 0 3 9

1 3 4 3 3 7 2 0 1 5 6 4 9 8 8 3 4 2 2 0 8 9 3

3 9 9 9 7 1 6 4 1 4 7 9 7 4 6 9 3 8 6 9 6 9 0

5 4 8 0 0 8 9 1 9 3 0 6 7 1 3 8 0 5 7 1 7 1 5

0 5 8 5 7 3 0 7 1 4 8 8 1 5 6 4 9 9 2 0 7 1 4

0 8 6 7 5 8 2 5 9 6 0 2 8 7 6 0 5 6 4 5 9 7 8

2 4 2 3 7 7 0 2 4 2 4 6 9 8 0 5 3 2 8 0 5 6 6

3 2 7 8 7 0 4 1 9 2 6 7 6 8 4 6 7 1 1 6 2 6 6

8 7 9 4 6 3 4 8 6 9 5 0 4 6 4 5 0 7 4 2 0 2 1

9 3 7 3 9 4 5 2 5 9 2 6 2 6 6 8 6 1 3 5 5 2 9

4 0 6 2 4 7 8 1 3 6 1 2 0 6 2 0 2 6 3 6 4 9 8

1 9 9 9 9 9 4 9 8 4 0 5 1 4 3 8 6 8 2 8 5 2 5

8 9 5 6 3 4 2 2 6 4 3 2 8 7 0 7 6 6 3 2 9 9 3

0 4 8 9 1 7 2 3 4 0 0 7 2 5 4 7 1 7 6 4 1 8 8

6 8 5 3 5 1 3 7 2 3 3 2 6 6 7 8 7 7 9 2 1 7 3

8 3 4 7 5 4 1 4 8 0 0 2 2 8 0 3 3 9 2 9 9 7 3

5 7 9 3 6 1 5 2 4 1 2 7 5 5 8 2 9 5 6 9 2 7 6

8 3 7 2 3 1 2 3 4 7 9 8 9 8 9 4 4 6 2 7 4 3 3

0 4 5 4 5 6 6 7 9 0 0 6 2 0 3 2 4 2 0 5 1 6 3

9 6 2 8 2 5 8 8 4 4 3 0 8 5 4 3 8 3 0 7 2 0 1

4 9 5 6 7 2 1 0 6 4 6 0 5 3 3 2 3 8 5 3 7 2 0

3 1 4 3 2 4 2 1 1 2 6 0 7 4 2 4 4 8 5 8 4 5 0

9 4 5 8 0 4 9 4 0 8 1 8 2 0 9 2 7 6 3 9 1 4 0

0 0 8 5 4 0 4 2 2 0 2 3 5 5 6 2 6 0 2 1 8 5 6

4 3 4 8 9 9 4 1 4 5 4 3 9 9 5 0 4 1 0 9 8 0 5

9 1 8 1 7 9 4 8 8 8 2 6 2 8 0 5 2 0 6 6 4 4 1

0 8 6 3 1 9 0 0 1 6 8 8 5 6 8 1 5 5 1 6 9 2 2

9 4 8 6 2 0 3 0 1 0 7 3 8 8 9 7 1 8 1 0 0 7 7

0 9 2 9 0 5 9 0 4 8 0 7 4 9 0 9 2 4 2 7 1 4 1

0 1 8 9 3 3 5 4 2 8 1 8 4 2 9 9 9 5 9 8 8 1 6

9 6 6 0 9 9 3 8 3 6 9 6 1 6 4 4 3 8 1 5 2 8 8

7 7 2 1 4 0 8 5 2 6 8 0 8 8 7 5 7 4 8 8 2 9 3

2 5 8 7 3 5 8 0 9 9 0 5 6 7 0 7 5 5 8 1 7 0 1

7 9 4 9 1 6 1 9 0 6 1 1 4 0 0 1 9 0 8 5 5 3 7

4 4 8 8 2 7 2 6 2 0 0 9 3 6 6 8 5 6 0 4 4 7 5

5 9 6 5 5 7 4 7 6 4 8 5 6 7 4 0 0 8 1 7 7 3 8

1 7 0 3 3 0 7 3 8 0 3 0 5 4 7 6 9 7 3 6 0 9 7

8 6 5 4 3 8 5 9 3 8 2 1 8 7 2 2 0 5 8 3 9 0 2

3 4 4 4 4 3 5 0 8 8 6 7 4 9 9 8 6 6 5 0 6 0 4

0 6 4 5 8 7 4 3 4 6 0 0 5 3 3 1 8 2 7 4 3 6 2

9 6 1 7 7 8 6 2 5 1 8 0 8 1 8 9 3 1 4 4 3 6 3

2 5 1 2 0 5 1 0 7 0 9 4 6 9 0 8 1 3 5 8 6 4 4

0 5 1 9 2 2 9 5 1 2 9 3 2 4 5 0 0 7 8 8 3 3 3

9 8 7 8 8 4 2 9 3 3 9 3 4 2 4 3 5 1 2 6 3 4 3

3 6 5 2 0 4 3 8 5 8 1 2 9 1 2 8 3 4 3 4 5 2 9

7 3 0 8 6 5 2 9 0 9 7 8 3 3 0 0 6 7 1 2 6 1 7

9 8 1 3 0 3 1 6 7 9 4 3 8 5 5 3 5 7 2 6 2 9 6

9 9 8 7 4 0 3 5 9 5 7 0 4 5 8 4 5 2 2 3 0 8 5

6 3 9 0 0 9 8 9 1 3 1 7 9 4 7 5 9 4 8 7 5 2 1

2 6 3 9 7 0 7 8 3 7 5 9 4 4 8 6 1 1 3 9 4 5 1

9 6 0 2 8 6 7 5 1 2 1 0 5 6 1 6 3 8 9 7 6 0 0

8 8 8 0 0 9 2 7 4 6 1 1 5 8 6 0 8 0 0 2 0 7 8

0 3 3 4 1 5 9 1 4 5 1 7 9 7 0 7 3 0 3 6 8 3 5

1 9 6 9 7 7 7 6 6 0 7 6 3 7 3 7 8 5 3 3 3 0 1

2 0 2 4 1 2 0 1 1 2 0 4 6 9 8 8 6 0 9 2 0 9 3

3 9 0 8 5 3 6 5 7 7 3 2 2 2 3 9 2 4 1 2 4 4 9

0 5 1 5 3 2 7 8 0 9 5 0 9 5 5 8 6 6 4 5 9 4 7

7 6 3 4 4 8 2 2 6 9 9 8 6 0 7 4 8 1 3 2 9 7 3

0 2 6 3 0 9 7 5 0 2 8 8 1 2 1 0 3 5 1 7 7 2 3

1 2 4 4 6 5 0 9 5 3 4 9 6 5 3 6 9 3 0 9 0 0 1

8 6 3 7 7 6 4 0 9 4 0 9 4 3 4 9 8 3 7 3 1 3 2

5 1 3 2 1 8 6 2 0 8 0 2 1 4 8 0 9 9 2 2 6 8 5

5 0 2 9 4 8 4 5 4 6 6 1 8 1 4 7 1 5 5 5 7 4 4

4 7 0 9 6 6 9 5 3 0 1 7 7 6 9 0 4 3 4 2 7 2 0

3 1 8 9 2 7 7 0 6 0 4 7 1 7 7 8 4 5 2 7 9 3 9

1 6 0 4 7 2 2 8 1 5 3 4 3 7 9 8 0 3 5 3 9 6 7

9 8 6 1 4 2 4 3 7 0 9 5 6 6 8 3 2 2 1 4 9 1 4

6 5 4 3 8 0 1 4 5 9 3 8 2 9 2 7 7 3 9 3 3 9 6

0 3 2 7 5 4 0 4 8 0 0 9 5 5 2 2 3 1 8 1 6 6 6

7 3 8 0 3 5 7 1 8 3 9 3 2 7 5 7 0 7 7 1 4 2 0

4 6 7 2 3 8 3 8 6 2 4 6 1 7 8 0 3 9 7 6 2 9 2

3 7 7 1 3 1 2 0 9 5 8 0 7 8 9 3 6 3 8 4 1 4 4

7 9 2 9 8 0 2 5 8 8 0 6 5 5 2 2 1 2 9 2 6 2 0

9 3 6 2 3 9 3 0 6 3 7 3 1 3 4 9 6 6 4 0 1 8 6

6 1 9 5 1 0 8 1 1 5 8 3 4 7 1 1 7 3 3 1 2 0 2
5 8 0 5 8 6 6 7 2 7 6 3 9 9 9 2 7 6 3 5 7 9 0
7 8 0 6 3 8 1 8 8 1 3 0 6 9 1 5 6 3 6 6 2 7 4
1 2 5 4 3 1 2 5 9 5 8 9 9 3 6 1 1 9 6 4 7 6 2
6 1 0 1 4 0 5 5 6 3 5 0 3 3 9 9 5 2 3 1 4 0 3
2 3 1 1 3 8 1 9 6 5 6 2 3 6 3 2 7 1 9 8 9 6 1
8 3 7 2 5 4 8 4 5 3 3 3 7 0 2 0 6 2 5 6 3 4 6
4 2 2 3 9 5 2 7 6 6 9 4 3 5 6 8 3 7 6 7 6 1 3
6 8 7 1 1 9 6 2 9 2 1 8 1 8 7 5 4 5 7 6 0 8 1
6 1 7 0 5 3 0 3 1 5 9 0 7 2 8 8 2 8 7 0 0 7 1
2 3 1 3 6 6 6 3 0 8 7 2 2 7 5 4 9 1 8 6 6 1 3
9 5 7 7 3 7 3 0 5 4 6 0 6 5 9 9 7 4 3 7 8 1 0
9 8 7 6 4 9 8 0 2 4 1 4 0 1 1 2 4 2 1 4 2 7 7
3 6 6 8 0 8 2 7 5 1 3 9 0 9 5 9 3 1 3 4 0 4 1
5 5 8 2 6 2 6 6 7 8 9 5 1 0 8 4 6 7 7 6 1 1 8
6 6 5 9 5 7 6 6 0 1 6 5 9 9 8 1 7 8 0 8 9 4 1
4 9 8 5 7 5 4 9 7 6 2 8 4 3 8 7 8 5 6 1 0 0 2
6 3 7 9 6 5 4 3 1 7 8 3 1 3 6 3 4 0 2 5 1 3 5
8 1 4 1 6 1 1 5 1 9 0 2 0 9 6 4 9 9 1 3 3 5 4
8 7 3 3 1 3 1 1 1 5 0 2 2 7 0 0 6 8 1 9 3 0 1
3 5 9 2 9 5 9 5 9 7 1 6 4 0 1 9 7 1 9 6 0 5 3

6 2 5 0 3 3 5 5 8 4 7 9 9 8 0 9 6 3 4 8 8 7 1

8 0 3 9 1 1 1 6 1 2 8 1 3 5 9 5 9 6 8 5 6 5 4

7 8 8 6 8 3 2 5 8 5 6 4 3 7 8 9 6 1 7 3 1 5 9

7 6 2 0 0 2 4 1 9 6 2 1 5 5 2 8 9 6 2 9 7 9 0

4 8 1 9 8 2 2 1 9 9 4 6 2 2 6 9 4 8 7 1 3 7 4

6 2 4 4 4 7 2 9 0 9 3 4 5 6 4 7 0 0 2 8 5 3 7

6 9 4 9 5 8 8 5 9 5 9 1 6 0 6 7 8 9 2 8 2 4 9

1 0 5 4 4 1 2 5 1 5 9 9 6 3 0 0 7 8 1 3 6 8 3

6 7 4 9 0 2 0 9 3 7 4 9 1 5 7 3 2 8 9 6 2 7 0

0 2 8 6 5 6 8 2 9 3 4 4 4 3 1 3 4 2 3 4 7 3 5

1 2 3 9 2 9 8 2 5 9 1 6 6 7 3 9 5 0 3 4 2 5 9

9 5 8 6 8 9 7 0 6 9 7 2 6 7 3 3 2 5 8 2 7 3 5

9 0 3 1 2 1 2 8 8 7 4 6 6 6 0 4 5 1 4 6 1 4 8

7 8 5 0 3 4 6 1 4 2 8 2 7 7 6 5 9 9 1 6 0 8 0

9 0 3 9 8 6 5 2 5 7 5 7 1 7 2 6 3 0 8 1 8 3 3

4 9 4 4 4 1 8 2 0 1 9 3 5 3 3 3 8 5 0 7 1 2 9

2 3 4 5 7 7 4 3 7 5 5 7 9 3 4 4 0 6 2 1 7 8 7

1 1 3 3 0 0 6 3 1 0 6 0 0 3 3 2 4 0 5 3 9 9 1

6 9 3 6 8 2 6 0 3 7 4 6 1 7 6 6 3 8 5 6 5 7 5

8 8 7 7 5 8 0 2 0 1 2 2 9 3 6 6 3 5 3 2 7 0 2

6 7 1 0 0 6 8 1 2 6 1 8 2 5 1 7 2 9 1 4 6 0 8

2 0 2 5 4 1 8 9 2 8 8 5 9 3 5 2 4 4 4 9 1 0 7

0 1 3 8 2 0 6 2 1 1 5 5 3 8 2 7 7 9 3 5 6 5 2

9 6 9 1 4 5 7 6 5 0 2 0 4 8 6 4 3 2 8 2 8 6 5

5 5 7 9 3 4 7 0 7 2 0 9 6 3 4 8 0 7 3 7 2 6 9

2 1 4 1 1 8 6 8 9 5 4 6 7 3 2 2 7 6 7 7 5 1 3

3 5 6 9 0 1 9 0 1 5 3 7 2 3 6 6 9 0 3 6 8 6 5

3 8 9 1 6 1 2 9 1 6 8 8 8 8 7 8 7 6 4 0 7 5 2

5 4 9 3 4 9 4 2 4 9 7 3 3 4 2 7 1 8 1 1 7 8 8

9 2 7 5 9 9 3 1 5 9 6 7 1 9 3 5 4 7 5 8 9 8 8

0 9 7 9 2 4 5 2 5 2 6 2 3 6 3 6 5 9 0 3 6 3 2

0 0 7 0 8 5 4 4 4 0 7 8 4 5 4 4 7 9 7 3 4 8 2

9 1 8 0 2 0 8 2 0 4 4 9 2 6 6 7 0 6 3 4 4 2 0

4 3 7 5 5 5 3 2 5 0 5 0 5 2 7 5 2 2 8 3 3 7 7

8 8 8 7 0 4 0 8 0 4 0 3 3 5 3 1 9 2 3 4 0 7 6

8 5 6 3 0 1 0 9 3 4 7 7 7 2 1 2 5 6 3 9 0 8 8

6 4 0 4 1 3 1 0 1 0 7 3 8 1 7 8 5 3 3 3 8 3 1

6 0 3 8 1 3 5 2 8 0 8 2 8 1 1 9 0 4 0 8 3 2 5

6 4 4 0 1 8 4 2 0 5 3 7 4 6 7 9 2 9 9 2 6 2 2

0 3 7 6 9 8 7 1 8 0 1 8 0 6 1 1 2 2 6 2 4 4 9

0 9 0 9 2 4 2 6 4 1 9 8 5 8 2 0 8 6 1 7 5 1 1

7 7 1 1 3 7 8 9 0 5 1 6 0 9 1 4 0 3 8 1 5 7 5

0 0 3 3 6 6 4 2 4 1 5 6 0 9 5 2 1 6 3 2 8 1 9

7 1 2 2 3 3 5 0 2 3 1 6 7 4 2 2 6 0 0 5 6 7 9

4 1 2 8 1 4 0 6 2 1 7 2 1 9 6 4 1 8 4 2 7 0 5

7 8 4 3 2 8 9 5 9 8 0 2 8 8 2 3 3 5 0 5 9 8 2

8 2 0 8 1 9 6 6 6 6 2 4 9 0 3 5 8 5 7 7 8 9 9

4 0 3 3 3 1 5 2 2 7 4 8 1 7 7 7 6 9 5 2 8 4 3

6 8 1 6 3 0 0 8 8 5 3 1 7 6 9 6 9 4 7 8 3 6 9

0 5 8 0 6 7 1 0 6 4 8 2 8 0 8 3 5 9 8 0 4 6 6

9 8 8 4 1 0 9 8 1 3 5 1 5 8 6 5 4 9 0 6 9 3 3

3 1 9 5 2 2 3 9 4 3 6 3 2 8 7 9 2 3 9 9 0 5 3

4 8 1 0 9 8 7 8 3 0 2 7 4 5 0 0 1 7 2 0 6 5 4

3 3 6 9 9 0 6 6 1 1 7 7 8 4 5 5 4 3 6 4 6 8 7

7 2 3 6 3 1 8 4 4 4 6 4 7 6 8 0 6 9 1 4 2 8 2

8 0 0 4 5 5 1 0 7 4 6 8 6 6 4 5 3 9 2 8 0 5 3

9 9 4 0 9 1 0 8 7 5 4 9 3 9 1 6 6 0 9 5 7 3 1

6 1 9 7 1 5 0 3 3 1 6 6 9 6 8 3 0 9 9 2 9 4 6

6 3 4 9 1 4 2 7 9 8 7 8 0 8 4 2 2 5 7 2 2 0 6

9 7 1 4 8 8 7 5 5 8 0 6 3 7 4 8 0 3 0 8 8 6 2

9 9 5 1 1 8 4 7 3 1 8 7 1 2 4 7 7 7 2 9 1 9 1

0 0 7 0 2 2 7 5 8 8 8 9 3 4 8 6 9 3 9 4 5 6 2

8 9 5 1 5 8 0 2 9 6 5 3 7 2 1 5 0 4 0 9 6 0 3

1 0 7 7 6 1 2 8 9 8 3 1 2 6 3 5 8 9 9 6 4 8 9
3 4 1 0 2 4 7 0 3 6 0 3 6 6 4 5 0 5 8 6 8 7 2
8 7 5 8 9 0 5 1 4 0 6 8 4 1 2 3 8 1 2 4 2 4 7
3 8 6 3 8 5 4 2 7 9 0 8 2 8 2 7 3 3 8 2 7 9 7
3 3 2 6 8 8 5 5 0 4 9 3 5 8 7 4 3 0 3 1 6 0 2
7 4 7 4 9 0 6 3 1 2 9 5 7 2 3 4 9 7 4 2 6 1 1
2 2 1 5 1 7 4 1 7 1 5 3 1 3 3 6 1 8 6 2 2 4 1
0 9 1 3 8 6 9 5 0 0 6 8 8 8 3 5 8 9 8 9 6 2 3
4 9 2 7 6 3 1 7 3 1 6 4 7 8 3 4 0 0 7 7 4 6 0
8 8 6 6 5 5 5 9 8 7 3 3 3 8 2 1 1 3 8 2 9 9 2
8 7 7 6 9 1 1 4 9 5 4 9 2 1 8 4 1 9 2 0 8 7 7
7 1 6 0 6 0 6 8 4 7 2 8 7 4 6 7 3 6 8 1 8 8 6
1 6 7 5 0 7 2 2 1 0 1 7 2 6 1 1 0 3 8 3 0 6 7
1 7 8 7 8 5 6 6 9 4 8 1 2 9 4 8 7 8 5 0 4 8 9
4 3 0 6 3 0 8 6 1 6 9 9 4 8 7 9 8 7 0 3 1 6 0
5 1 5 8 8 4 1 0 8 2 8 2 3 5 1 2 7 4 1 5 3 5 3
8 5 1 3 3 6 5 8 9 5 3 3 2 9 4 8 6 2 9 4 9 4 4
9 5 0 6 1 8 6 8 5 1 4 7 7 9 1 0 5 8 0 4 6 9 6
0 3 9 0 6 9 3 7 2 6 6 2 6 7 0 3 8 6 5 1 2 9 0
5 2 0 1 1 3 7 8 1 0 8 5 8 6 1 6 1 8 8 8 8 6 9
4 7 9 5 7 6 0 7 4 1 3 5 8 5 5 3 4 5 8 5 1 5 1

7 6 8 0 5 1 9 7 3 3 3 3 4 4 3 3 4 9 5 2 3 0 1 2
0 3 9 5 7 7 0 7 3 9 6 2 3 7 7 1 3 1 6 0 3 0 2
4 2 8 8 7 2 0 0 5 3 7 3 2 0 9 9 8 2 5 3 0 0 8
9 7 7 6 1 8 9 7 3 1 2 9 8 1 7 8 8 1 9 4 4 6 7
1 7 3 1 1 6 0 6 4 7 2 3 1 4 7 6 2 4 8 4 5 7 5
5 1 9 2 8 7 3 2 7 8 2 8 2 5 1 2 7 1 8 2 4 4 6
8 0 7 8 2 4 2 1 5 2 1 6 4 6 9 5 6 7 8 1 9 2 9
4 0 9 8 2 3 8 9 2 6 2 8 4 9 4 3 7 6 0 2 4 8 8
5 2 2 7 9 0 0 3 6 2 0 2 1 9 3 8 6 6 9 6 4 8 2
2 1 5 6 2 8 0 9 3 6 0 5 3 7 3 1 7 8 0 4 0 8 6
3 7 2 7 2 6 8 4 2 6 6 9 6 4 2 1 9 2 9 9 4 6 8
1 9 2 1 4 9 0 8 7 0 1 7 0 7 5 3 3 3 6 1 0 9 4
7 9 1 3 8 1 8 0 4 0 6 3 2 8 7 3 8 7 5 9 3 8 4
8 2 6 9 5 3 5 5 8 3 0 7 7 3 9 5 7 6 1 4 4 7 9
9 7 2 7 0 0 0 3 4 7 2 8 8 0 1 8 2 7 8 5 2 8 1
3 8 9 5 0 3 2 1 7 9 8 6 3 4 5 2 1 6 1 1 1 0 6
6 6 0 8 8 3 9 3 1 4 0 5 3 2 2 6 9 4 4 9 0 5 4
5 5 5 2 7 8 6 7 8 9 4 4 1 7 5 7 9 2 0 2 4 4 0
0 2 1 4 5 0 7 8 0 1 9 2 0 9 9 8 0 4 4 6 1 3 8
2 5 4 7 8 0 5 8 5 8 0 4 8 4 4 2 4 1 6 4 0 4 7
7 5 0 3 1 5 3 6 0 5 4 9 0 6 5 9 1 4 3 0 0 7 8

1 5 8 3 7 2 4 3 0 1 2 3 1 3 7 5 1 1 5 6 2 2 8
4 0 1 5 8 3 8 6 4 4 2 7 0 8 9 0 7 1 8 2 8 4 8
1 6 7 5 7 5 2 7 1 2 3 8 4 6 7 8 2 4 5 9 5 3 4
3 3 4 4 4 9 6 2 2 0 1 0 0 9 6 0 7 1 0 5 1 3 7
0 6 0 8 4 6 1 8 0 1 1 8 7 5 4 3 1 2 0 7 2 5 4
9 1 3 3 4 9 9 4 2 4 7 6 1 7 1 1 5 6 3 3 3 2 1
4 0 8 9 3 4 6 0 9 1 5 6 5 6 1 5 5 0 6 0 0 3 1
7 3 8 4 2 1 8 7 0 1 5 7 0 2 2 6 1 0 3 1 0 1 9
1 6 6 0 3 8 8 7 0 6 4 6 6 1 4 3 8 8 9 7 7 3 6
3 1 8 7 8 0 9 4 0 7 1 1 5 2 7 5 2 8 1 7 4 6 8
9 5 7 6 4 0 1 5 8 1 0 4 7 0 1 6 9 6 5 2 4 7 5
5 7 7 4 0 8 9 1 6 4 4 5 6 8 6 7 7 7 1 7 1 5 8
5 0 0 5 8 3 2 6 9 9 4 3 4 0 1 6 7 7 2 0 2 1 5
6 7 6 7 7 2 4 0 6 8 1 2 8 3 6 6 5 6 5 2 6 4 1
2 2 9 8 2 4 3 9 4 6 5 1 3 3 1 9 7 3 5 9 1 9 9
7 0 9 4 0 3 2 7 5 9 3 8 5 0 2 6 6 9 5 5 7 4 7
0 2 3 1 8 1 3 2 0 3 2 4 3 7 1 6 4 2 0 5 8 6 1
4 1 0 3 3 6 0 6 5 2 4 5 3 6 9 3 9 1 6 0 0 5 0
6 4 4 9 5 3 0 6 0 1 6 1 2 6 7 8 2 2 6 4 8 9 4
2 4 3 7 3 9 7 1 6 6 7 1 7 6 6 1 2 3 1 0 4 8 9
7 5 0 3 1 8 8 5 7 3 2 1 6 5 5 5 4 9 8 8 3 4 2

1 2 1 8 0 2 8 4 6 9 1 2 5 2 9 0 8 6 1 0 1 4 8
5 5 2 7 8 1 5 2 7 7 6 2 5 6 2 3 7 5 0 4 5 6 3
7 5 7 6 9 4 9 7 7 3 4 3 3 6 8 4 6 0 1 5 6 0 7
7 2 7 0 3 5 5 0 9 6 2 9 0 4 9 3 9 2 4 8 7 0 8
8 4 0 6 2 8 1 0 6 7 9 4 3 6 2 2 4 1 8 7 0 4 7
4 7 0 0 8 3 6 8 8 4 2 6 7 1 0 2 2 5 5 8 3 0 2
4 0 3 5 9 9 8 4 1 6 4 5 9 5 1 1 2 2 4 8 5 2 7
2 6 3 3 6 3 2 6 4 5 1 1 4 0 1 7 3 9 5 2 4 8 0
8 6 1 9 4 6 3 5 8 4 0 7 8 3 7 5 3 5 5 6 8 8 5
6 2 2 3 1 7 1 1 5 5 2 0 9 4 7 2 2 3 0 6 5 4 3
7 0 9 2 6 0 6 7 9 7 3 5 1 0 0 0 5 6 5 5 4 9 3
8 1 2 2 4 5 7 5 4 8 3 7 2 8 5 4 5 7 1 1 7 9 7
3 9 3 6 1 5 7 5 6 1 6 7 6 4 1 6 9 2 8 9 5 8 0
5 2 5 7 2 9 7 5 2 2 3 3 8 5 5 8 6 1 1 3 8 8 3
2 2 1 7 1 1 0 7 3 6 2 2 6 5 8 1 6 2 1 8 8 4 2
4 4 3 1 7 8 8 5 7 4 8 8 7 9 8 1 0 9 0 2 6 6 5
3 7 9 3 4 2 6 6 6 4 2 1 6 9 9 0 9 1 4 0 5 6 5
3 6 4 3 2 2 4 9 3 0 1 3 3 4 8 6 7 9 8 8 1 5 4
8 8 6 6 2 8 6 6 5 0 5 2 3 4 6 9 9 7 2 3 5 5 7
4 7 3 8 4 2 4 8 3 0 5 9 0 4 2 3 6 7 7 1 4 3 2
7 8 7 9 2 3 1 6 4 2 2 4 0 3 8 7 7 7 6 4 3 3 0

1 9 2 6 0 0 1 9 2 2 8 4 7 7 8 3 1 3 8 3 7 6 3
2 5 3 6 1 2 1 0 2 5 3 3 6 9 3 5 8 1 2 6 2 4 0
8 6 8 6 6 6 9 9 7 3 8 2 7 5 9 7 7 3 6 5 6 8 2
2 2 7 9 0 7 2 1 5 8 3 2 4 7 8 8 8 8 6 4 2 3 6
9 3 4 6 3 9 6 1 6 4 3 6 3 3 0 8 7 3 0 1 3 9 8
1 4 2 1 1 4 3 0 3 0 6 0 0 8 7 3 0 6 6 6 1 6 4
8 0 3 6 7 8 9 8 4 0 9 1 3 3 5 9 2 6 2 9 3 4 0
2 3 0 4 3 2 4 9 7 4 9 2 6 8 8 7 8 3 1 6 4 3 6
0 2 6 8 1 0 1 1 3 0 9 5 7 0 7 1 6 1 4 1 9 1 2
8 3 0 6 8 6 5 7 7 3 2 3 5 3 2 6 3 9 6 5 3 6 7
7 3 9 0 3 1 7 6 6 1 3 6 1 3 1 5 9 6 5 5 5 3 5
8 4 9 9 9 3 9 8 6 0 0 5 6 5 1 5 5 9 2 1 9 3 6
7 5 9 9 7 7 7 1 7 9 3 3 0 1 9 7 4 4 6 8 8 1 4
8 3 7 1 1 0 3 2 0 6 5 0 3 6 9 3 1 9 2 8 9 4 5
2 1 4 0 2 6 5 0 9 1 5 4 6 5 1 8 4 3 0 9 9 3 6
5 5 3 4 9 3 3 3 7 1 8 3 4 2 5 2 9 8 4 3 3 6 7
9 9 1 5 9 3 9 4 1 7 4 6 6 2 2 3 9 0 0 3 8 9 5
2 7 6 7 3 8 1 3 3 3 0 6 1 7 7 4 7 6 2 9 5 7 4
9 4 3 8 6 8 7 1 6 9 7 8 4 5 3 7 6 7 2 1 9 4 9
3 5 0 6 5 9 0 8 7 5 7 1 1 9 1 7 7 2 0 8 7 5 4
7 7 1 0 7 1 8 9 9 3 7 9 6 0 8 9 4 7 7 4 5 1 2

6 5 4 7 5 7 5 0 1 8 7 1 1 9 4 8 7 0 7 3 8 7 3

6 7 8 5 8 9 0 2 0 0 6 1 7 3 7 3 3 2 1 0 7 5 6

9 3 3 0 2 2 1 6 3 2 0 6 2 8 4 3 2 0 6 5 6 7 1

1 9 2 0 9 6 9 5 0 5 8 5 7 6 1 1 7 3 9 6 1 6 3

2 3 2 6 2 1 7 7 0 8 9 4 5 4 2 6 2 1 4 6 0 9 8

5 8 4 1 0 2 3 7 8 1 3 2 1 5 8 1 7 7 2 7 6 0 2

2 2 2 7 3 8 1 3 3 4 9 5 4 1 0 4 8 1 0 0 3 0 7

3 2 7 5 1 0 7 7 9 9 9 4 8 9 9 1 9 7 7 9 6 3 8

8 3 5 3 0 7 3 4 4 4 3 4 5 7 5 3 2 9 7 5 9 1 4

2 6 3 7 6 8 4 0 5 4 4 2 2 6 4 7 8 4 2 1 6 0 6

3 1 2 2 7 6 9 6 4 6 9 6 7 1 5 6 4 7 3 9 9 9 0

4 3 7 1 5 9 0 3 3 2 3 9 0 6 5 6 0 7 2 6 6 4 4

1 1 6 4 3 8 6 0 5 4 0 4 8 3 8 8 4 7 1 6 1 9 1

2 1 0 9 0 0 8 7 0 1 0 1 9 1 3 0 7 2 6 0 7 1 0

4 4 1 1 4 1 4 3 2 4 1 9 7 6 7 9 6 8 2 8 5 4 7

8 8 5 5 2 4 7 7 9 4 7 6 4 8 1 8 0 2 9 5 9 7 3

6 0 4 9 4 3 9 7 0 0 4 7 9 5 9 6 0 4 0 2 9 2 7

4 6 2 9 9 2 0 3 5 7 2 0 9 9 7 6 1 9 5 0 1 4 0

3 4 8 3 1 5 3 8 0 9 4 7 7 1 4 6 0 1 0 5 6 3 3

3 4 4 6 9 9 8 8 2 0 8 2 2 1 2 0 5 8 7 2 8 1 5

1 0 7 2 9 1 8 2 9 7 1 2 1 1 9 1 7 8 7 6 4 2 4

8 8 0 3 5 4 6 7 2 3 1 6 9 1 6 5 4 1 8 5 2 2 5

6 7 2 9 2 3 4 4 2 9 1 8 7 1 2 8 1 6 3 2 3 2 5

9 6 9 6 5 4 1 3 5 4 8 5 8 9 5 7 7 1 3 3 2 0 8

3 3 9 9 1 1 2 8 8 7 7 5 9 1 7 2 2 6 1 1 5 2 7

3 3 7 9 0 1 0 3 4 1 3 6 2 0 8 5 6 1 4 5 7 7 9

9 2 3 9 8 7 7 8 3 2 5 0 8 3 5 5 0 7 3 0 1 9 9

8 1 8 4 5 9 0 2 5 9 5 8 3 5 5 9 8 9 2 6 0 5 5

3 2 9 9 6 7 3 7 7 0 4 9 1 7 2 2 4 5 4 9 3 5 3

2 9 6 8 3 3 0 0 0 0 2 2 3 0 1 8 1 5 1 7 2 2 6

5 7 5 7 8 7 5 2 4 0 5 8 8 3 2 2 4 9 0 8 5 8 2

1 2 8 0 0 8 9 7 4 7 9 0 9 3 2 6 1 0 0 7 6 2 5

7 8 7 7 0 4 2 8 6 5 6 0 0 6 9 9 6 1 7 6 2 1 2

1 7 6 8 4 5 4 7 8 9 9 6 4 4 0 7 0 5 0 6 6 2 4

1 7 1 0 2 1 3 3 2 7 4 8 6 7 9 6 2 3 7 4 3 0 2

2 9 1 5 5 3 5 8 2 0 0 7 8 0 1 4 1 1 6 5 3 4 8

0 6 5 6 4 7 4 8 8 2 3 0 6 1 5 0 0 3 3 9 2 0 6

8 9 8 3 7 9 4 7 6 6 2 5 5 0 3 6 5 4 9 8 2 2 8

0 5 3 2 9 6 6 2 8 6 2 1 1 7 9 3 0 6 2 8 4 3 0

1 7 0 4 9 2 4 0 2 3 0 1 9 8 5 7 1 9 9 7 8 9 4

8 8 3 6 8 9 7 1 8 3 0 4 3 8 0 5 1 8 2 1 7 4 4

1 9 1 4 7 6 6 0 4 2 9 7 5 2 4 3 7 2 5 1 6 8 3

4 3 5 4 1 1 2 1 7 0 3 8 6 3 1 3 7 9 4 1 1 4 2
2 0 9 5 2 9 5 8 8 5 7 9 8 0 6 0 1 5 2 9 3 8 7
5 2 7 5 3 7 9 9 0 3 0 9 3 8 8 7 1 6 8 3 5 7 2
0 9 5 7 6 0 7 1 5 2 2 1 9 0 0 2 7 9 3 7 9 2 9
2 7 8 6 3 0 3 6 3 7 2 6 8 7 6 5 8 2 2 6 8 1 2
4 1 9 9 3 3 8 4 8 0 8 1 6 6 0 2 1 6 0 3 7 2 2
1 5 4 7 1 0 1 4 3 0 0 7 3 7 7 5 3 7 7 9 2 6 9
9 0 6 9 5 8 7 1 2 1 2 8 9 2 8 8 0 1 9 0 5 2 0
3 1 6 0 1 2 8 5 8 6 1 8 2 5 4 9 4 4 1 3 3 5 3
8 2 0 7 8 4 8 8 3 4 6 5 3 1 1 6 3 2 6 5 0 4 0
7 6 4 2 4 2 8 3 9 0 8 7 0 1 2 1 0 1 5 1 9 4 2
3 1 9 6 1 6 5 2 2 6 8 4 2 2 0 0 3 7 1 1 2 3 0
4 6 4 3 0 0 6 7 3 4 4 2 0 6 4 7 4 7 7 1 8 0 2
1 3 5 3 0 7 0 1 2 4 0 9 8 8 6 0 3 5 3 3 9 9 1
5 2 6 6 7 9 2 3 8 7 1 1 0 1 7 0 6 2 2 1 8 6 5
8 8 3 5 7 3 7 8 1 2 1 0 9 3 5 1 7 9 7 7 5 6 0
4 4 2 5 6 3 4 6 9 4 9 9 9 7 8 7 2 5 1 1 2 5 4
4 0 8 5 4 5 2 2 2 7 4 8 1 0 9 1 4 8 7 4 3 0 7
2 5 9 8 6 9 6 0 2 0 4 0 2 7 5 9 4 1 1 7 8 9 4
2 5 8 1 2 8 1 8 8 2 1 5 9 9 5 2 3 5 9 6 5 8 9
7 9 1 8 1 1 4 4 0 7 7 6 5 3 3 5 4 3 2 1 7 5 7

5 9 5 2 5 5 5 3 6 1 5 8 1 2 8 0 0 1 1 6 3 8 4

6 7 2 0 3 1 9 3 4 6 5 0 7 2 9 6 8 0 7 9 9 0 7

9 3 9 6 3 7 1 4 9 6 1 7 7 4 3 1 2 1 1 9 4 0 2

0 2 1 2 9 7 5 7 3 1 2 5 1 6 5 2 5 3 7 6 8 0 1

7 3 5 9 1 0 1 5 5 7 3 3 8 1 5 3 7 7 2 0 0 1 9

5 2 4 4 4 5 4 3 6 2 0 0 7 1 8 4 8 4 7 5 6 6 3

4 1 5 4 0 7 4 4 2 3 2 8 6 2 1 0 6 0 9 9 7 6 1

3 2 4 3 4 8 7 5 4 8 8 4 7 4 3 4 5 3 9 6 6 5 9

8 1 3 3 8 7 1 7 4 6 6 0 9 3 0 2 0 5 3 5 0 7 0

2 7 1 9 5 2 9 8 3 9 4 3 2 7 1 4 2 5 3 7 1 1 5

5 7 6 6 6 0 0 0 2 5 7 8 4 4 2 3 0 3 1 0 7 3 4

2 9 5 5 1 5 3 3 9 4 5 0 6 0 4 8 6 2 2 2 7 6 4

9 6 6 6 8 7 6 2 4 0 7 9 3 2 4 3 5 3 1 9 2 9 9

2 6 3 9 2 5 3 7 3 1 0 7 6 8 9 2 1 3 5 3 5 2 5

7 2 3 2 1 0 8 0 8 8 9 8 1 9 3 3 9 1 6 8 6 6 8

2 7 8 9 4 8 2 8 1 1 7 0 4 7 2 6 2 4 5 0 1 9 4

8 4 0 9 7 0 0 9 7 5 7 6 0 9 2 0 9 8 3 7 2 4 0

9 0 0 7 4 7 1 7 9 7 3 3 4 0 7 8 8 1 4 1 8 2 5

1 9 5 8 4 2 5 9 8 0 9 6 2 4 1 7 4 7 6 1 0 1 3

8 2 5 2 6 4 3 9 5 5 1 3 5 2 5 9 3 1 1 8 8 5 0

4 5 6 3 6 2 6 4 1 8 8 3 0 0 3 3 8 5 3 9 6 5 2

4 3 5 9 9 7 4 1 6 9 3 1 3 2 2 8 9 4 7 1 9 8 7

8 3 0 8 4 2 7 6 0 0 4 0 1 3 6 8 0 7 4 7 0 3 9

0 4 0 9 7 2 3 8 4 7 3 9 4 5 8 3 4 8 9 6 1 8 6

5 3 9 7 9 0 5 9 4 1 1 8 5 9 9 3 1 0 3 5 6 1 6

8 4 3 6 8 6 9 2 1 9 4 8 5 3 8 2 0 5 5 7 8 0 3

9 5 7 7 3 8 8 1 3 6 0 6 7 9 5 4 9 9 0 0 0 8 5

1 2 3 2 5 9 4 4 2 5 2 9 7 2 4 4 8 6 6 6 6 7 6

6 8 3 4 6 4 1 4 0 2 1 8 9 9 1 5 9 4 4 5 6 5 3

0 9 4 2 3 4 4 0 6 5 0 6 6 7 8 5 1 9 4 8 4 1 7

7 6 6 7 7 9 4 7 0 4 7 2 0 4 1 9 5 8 8 2 2 0 4

3 2 9 5 3 8 0 3 2 6 3 1 0 5 3 7 4 9 4 8 8 3 1

2 2 1 8 0 3 9 1 2 7 9 6 7 8 4 4 6 1 0 0 1 3 9

7 2 6 7 5 3 8 9 2 1 9 5 1 1 9 1 1 7 8 3 6 5 8

7 6 6 2 5 2 8 0 8 3 6 9 0 0 5 3 2 4 9 0 0 4 5

9 7 4 1 0 9 4 7 0 6 8 7 7 2 9 1 2 3 2 8 2 1 4

3 0 4 6 3 5 3 3 7 2 8 3 5 1 9 9 5 3 6 4 8 2 7

4 3 2 5 8 3 3 1 1 9 1 4 4 4 5 9 0 1 7 8 0 9 6

0 7 7 8 2 8 8 3 5 8 3 7 3 0 1 1 1 8 5 7 5 4 3

6 5 9 9 5 8 9 8 2 7 2 4 5 3 1 9 2 5 3 1 0 5 8

8 1 1 5 0 2 6 3 0 7 5 4 2 5 7 1 4 9 3 9 4 3 0

2 4 4 5 3 9 3 1 8 7 0 1 7 9 9 2 3 6 0 8 1 6 6

6 1 1 3 0 5 4 2 6 2 5 3 9 9 5 8 3 3 8 9 7 9 4

2 9 7 1 6 0 2 0 7 0 3 3 8 7 6 7 8 1 5 0 3 3 0

1 0 2 8 0 1 2 0 0 9 5 9 9 7 2 5 2 2 2 2 2 8 0

8 0 1 4 2 3 5 7 1 0 9 4 7 6 0 3 5 1 9 2 5 5 4

4 4 3 4 9 2 9 9 8 6 7 6 7 8 1 7 8 9 1 0 4 5 5

5 9 0 6 3 0 1 5 9 5 3 8 0 9 7 6 1 8 7 5 9 2 0

3 5 8 9 3 7 3 4 1 9 7 8 9 6 2 3 5 8 9 3 1 1 2

5 9 8 3 9 0 2 5 9 8 3 1 0 2 6 7 1 9 3 3 0 4 1

8 9 2 1 5 1 0 9 6 8 9 1 5 6 2 2 5 0 6 9 6 5 9

1 1 9 8 2 8 3 2 3 4 5 5 5 0 3 0 5 9 0 8 1 7 3

0 7 3 5 1 9 5 5 0 3 7 2 1 6 6 5 8 7 0 2 8 8 0

5 3 9 9 2 1 3 8 5 7 6 0 3 7 0 3 5 3 7 7 1 0 5

1 7 8 0 2 1 2 8 0 1 2 9 5 6 6 8 4 1 9 8 4 1 4

0 3 6 2 8 7 2 7 2 5 6 2 3 2 1 4 4 2 8 7 5 4 3

0 2 2 1 0 9 0 9 4 7 2 7 2 1 0 7 3 4 7 4 1 3 4

9 7 5 5 1 4 1 9 0 7 3 7 0 4 3 3 1 8 2 7 6 6 2

6 1 7 7 2 7 5 9 9 6 8 8 8 8 2 6 0 2 7 2 2 5 2

4 7 1 3 3 6 8 3 3 5 3 4 5 2 8 1 6 6 9 2 7 7 9

5 9 1 3 2 8 8 6 1 3 8 1 7 6 6 3 4 9 8 5 7 7 2

8 9 3 6 9 0 0 9 6 5 7 4 9 5 6 2 2 8 7 1 0 3 0

2 4 3 6 2 5 9 0 7 7 2 4 1 2 2 1 9 0 9 4 3 0 0

8 7 1 7 5 5 6 9 2 6 2 5 7 5 8 0 6 5 7 0 9 9 1

2 0 1 6 6 5 9 6 2 2 4 3 6 0 8 0 2 4 2 8 7 0 0

2 4 5 4 7 3 6 2 0 3 6 3 9 4 8 4 1 2 5 5 9 5 4

8 8 1 7 2 7 2 7 2 4 7 3 6 5 3 4 6 7 7 8 3 6 4

7 2 0 1 9 1 8 3 0 3 9 9 8 7 1 7 6 2 7 0 3 7 5

1 5 7 2 4 6 4 9 9 2 2 2 8 9 4 6 7 9 3 2 3 2 2

6 9 3 6 1 9 1 7 7 6 4 1 6 1 4 6 1 8 7 9 5 6 1

3 9 5 6 6 9 9 5 6 7 7 8 3 0 6 8 2 9 0 3 1 6 5

8 9 6 9 9 4 3 0 7 6 7 3 3 3 5 0 8 2 3 4 9 9 0

7 9 0 6 2 4 1 0 0 2 0 2 5 0 6 1 3 4 0 5 7 3 4

4 3 0 0 6 9 5 7 4 5 4 7 4 6 8 2 1 7 5 6 9 0 4

4 1 6 5 1 5 4 0 6 3 6 5 8 4 6 8 0 4 6 3 6 9 2

6 2 1 2 7 4 2 1 1 0 7 5 3 9 9 0 4 2 1 8 8 7 1

6 1 2 7 6 1 7 7 8 7 0 1 4 2 5 8 8 6 4 8 2 5 7

7 5 2 2 3 8 8 9 1 8 4 5 9 9 5 2 3 3 7 6 2 9 2

3 7 7 9 1 5 5 8 5 7 4 4 5 4 9 4 7 7 3 6 1 2 9

5 5 2 5 9 5 2 2 2 6 5 7 8 6 3 6 4 6 2 1 1 8 3

7 7 5 9 8 4 7 3 7 0 0 3 4 7 9 7 1 4 0 8 2 0 6

9 9 4 1 4 5 5 8 0 7 1 9 0 8 0 2 1 3 5 9 0 7 3

2 2 6 9 2 3 3 1 0 0 8 3 1 7 5 9 5 1 0 6 5 9 0

1 9 1 2 1 2 9 4 7 9 5 4 0 8 6 0 3 6 4 0 7 5 7

3 5 8 7 5 0 2 0 5 8 9 0 2 0 8 7 0 4 5 7 9 6 7
0 0 0 7 0 5 5 2 6 2 5 0 5 8 1 1 4 2 0 6 6 3 9
0 7 4 5 9 2 1 5 2 7 3 3 0 9 4 0 6 8 2 3 6 4 9
4 4 1 5 9 0 8 9 1 0 0 9 2 2 0 2 9 6 6 8 0 5 2
3 3 2 5 2 6 6 1 9 8 9 1 1 3 1 1 8 4 2 0 1 6 2
9 1 6 3 1 0 7 6 8 9 4 0 8 4 7 2 3 5 6 4 3 6 6
8 0 8 1 8 2 1 6 8 6 5 7 2 1 9 6 8 8 2 6 8 3 5
8 4 0 2 7 8 5 5 0 0 7 8 2 8 0 4 0 4 3 4 5 3 7
1 0 1 8 3 6 5 1 0 9 6 9 5 1 7 8 2 3 3 5 7 4 3
0 3 0 5 0 4 8 5 2 6 5 3 7 3 8 0 7 3 5 3 1 0 7
4 1 8 5 9 1 7 7 0 5 6 1 0 3 9 7 3 9 5 0 6 2 6
4 0 3 5 5 4 4 2 2 7 5 1 5 6 1 0 1 1 0 7 2 6 1
7 7 9 3 7 0 6 3 4 7 2 3 8 0 4 9 9 0 6 6 6 9 2
2 1 6 1 9 7 1 1 9 4 2 5 9 1 2 0 4 4 5 0 8 4 6
4 1 7 4 6 3 8 3 5 8 9 9 3 8 2 3 9 9 4 6 5 1 7
3 9 5 5 0 9 0 0 0 8 5 9 4 7 9 9 9 0 1 3 6 0 2
6 6 7 4 2 6 1 4 9 4 2 9 0 0 6 6 4 6 7 1 1 5 0
6 7 1 7 5 4 2 2 1 7 7 0 3 8 7 7 4 5 0 7 6 7 3
5 6 3 7 4 2 1 5 4 7 8 2 9 0 5 9 1 1 0 1 2 6 1
9 1 5 7 5 5 5 8 7 0 2 3 8 9 5 7 0 0 1 4 0 5 1
1 7 8 2 2 6 4 6 9 8 9 9 4 4 9 1 7 9 0 8 3 0 1

7 9 5 4 7 5 8 7 6 7 6 0 1 6 8 0 9 4 1 0 0 1 3

5 8 3 7 6 1 3 5 7 8 5 9 1 3 5 6 9 2 4 4 5 5 6

4 7 7 6 4 4 6 4 1 7 8 6 6 7 1 1 5 3 9 1 9 5 1

3 5 7 6 9 6 1 0 4 8 6 4 9 2 2 4 9 0 0 8 3 4 4

6 7 1 5 4 8 6 3 8 3 0 5 4 4 7 7 9 1 4 3 3 0 0

9 7 6 8 0 4 8 6 8 7 8 3 4 8 1 8 4 6 7 2 7 3 3

7 5 8 4 3 6 8 9 2 7 2 4 3 1 0 4 4 7 4 0 6 8 0

7 6 8 5 2 7 8 6 2 5 5 8 5 1 6 5 0 9 2 0 8 8 2

6 3 8 1 3 2 3 3 6 2 3 1 4 8 7 3 3 3 3 6 7 1 4

7 6 4 5 2 0 4 5 0 8 7 6 6 2 7 6 1 4 9 5 0 3 8

9 9 4 9 5 0 4 8 0 9 5 6 0 4 6 0 9 8 9 6 0 4 3

2 9 1 2 3 3 5 8 3 4 8 8 5 9 9 9 0 2 9 4 5 2 6

4 0 0 2 8 4 9 9 4 2 8 0 8 7 8 6 2 4 0 3 9 8 1

1 8 1 4 8 8 4 7 6 7 3 0 1 2 1 6 7 5 4 1 6 1 1

0 6 6 2 9 9 9 5 5 5 3 6 6 8 1 9 3 1 2 3 2 8 7

4 2 5 7 0 2 0 6 3 7 3 8 3 5 2 0 2 0 0 8 6 8 6

3 6 9 1 3 1 1 7 3 3 4 6 9 7 3 1 7 4 1 2 1 9 1

5 3 6 3 3 2 4 6 7 4 5 3 2 5 6 3 0 8 7 1 3 4 7

3 0 2 7 9 2 1 7 4 9 5 6 2 2 7 0 1 4 6 8 7 3 2

5 8 6 7 8 9 1 7 3 4 5 5 8 3 7 9 9 6 4 3 5 1 3

5 8 8 0 0 9 5 9 3 5 0 8 7 7 5 5 6 3 5 6 2 4 8

8 1 0 4 9 3 8 5 2 9 9 9 0 0 7 6 7 5 1 3 5 5 1

3 5 2 7 7 9 2 4 1 2 4 2 9 2 7 7 4 8 8 5 6 5 8

8 8 5 6 6 5 1 3 2 4 7 3 0 2 5 1 4 7 1 0 2 1 0

5 7 5 3 5 2 5 1 6 5 1 1 8 1 4 8 5 0 9 0 2 7 5

0 4 7 6 8 4 5 5 1 8 2 5 2 0 9 6 3 3 1 8 9 9 0

6 8 5 2 7 6 1 4 4 3 5 1 3 8 2 1 3 6 6 2 1 5 2

3 6 8 8 9 0 5 7 8 7 8 6 6 9 9 4 3 2 2 8 8 8 1

6 0 2 8 3 7 7 4 8 2 0 3 5 5 0 6 0 1 6 0 2 9 8

9 4 0 0 9 1 1 9 7 1 3 8 5 0 1 7 9 8 7 1 6 8 3

6 3 3 7 4 4 1 3 9 2 7 5 9 7 3 6 4 4 0 1 7 0 0

7 0 1 4 7 6 3 7 0 6 6 5 5 7 0 3 5 0 4 3 3 8 1

2 1 1 1 3 5 7 6 4 1 5 0 1 8 4 5 1 8 2 1 4 1 3

6 1 9 8 2 3 4 9 5 1 5 9 6 0 1 0 6 4 7 5 2 7 1

2 5 7 5 9 3 5 1 8 5 3 0 4 3 3 2 8 7 5 5 3 7 7

8 3 0 5 7 5 0 9 5 6 7 4 2 5 4 4 2 6 8 4 7 1 2

2 1 9 6 1 8 7 0 9 1 7 8 5 6 0 7 8 3 9 3 6 1 4

4 5 1 1 3 8 3 3 3 5 6 4 9 1 0 3 2 5 6 4 0 5 7

3 3 8 9 8 6 6 7 1 7 8 1 2 3 9 7 2 2 3 7 5 1 9

3 1 6 4 3 0 6 1 7 0 1 3 8 5 9 5 3 9 4 7 4 3 6

7 8 4 3 3 9 2 6 7 0 9 8 6 7 1 2 4 5 2 2 1 1 1

8 9 6 9 0 8 4 0 2 3 6 3 2 7 4 1 1 4 9 6 6 0 1

2 4 3 4 8 3 0 9 8 9 2 9 9 4 1 7 3 8 0 3 0 5 8

8 4 1 7 1 6 6 6 1 3 0 7 3 0 4 0 0 6 7 5 8 8 3

8 0 4 3 2 1 1 1 5 5 5 3 7 9 4 4 0 6 0 5 4 9 7

7 2 1 7 0 5 9 4 2 8 2 1 5 1 4 8 8 6 1 6 5 6 7

2 7 7 1 2 4 0 9 0 3 3 8 7 7 2 7 7 4 5 6 2 9 0

9 7 1 1 0 1 3 4 8 8 5 1 8 4 3 7 4 1 1 8 6 9 5

6 5 5 4 4 9 7 4 5 7 3 6 8 4 5 2 1 8 0 6 6 9 8

2 9 1 1 0 4 5 0 5 8 0 0 4 2 9 9 8 8 7 9 5 3 8

9 9 0 2 7 8 0 4 3 8 3 5 9 6 2 8 2 4 0 9 4 2 1

8 6 0 5 5 6 2 8 7 7 8 8 4 2 8 8 0 2 1 2 7 5 5

3 8 8 4 8 0 3 7 2 8 6 4 0 0 1 9 4 4 1 6 1 4 2

5 7 4 9 9 9 0 4 2 7 2 0 0 9 5 9 5 2 0 4 6 5 4

1 7 0 5 9 8 1 0 4 9 8 9 9 6 7 5 0 4 5 1 1 9 3

6 4 7 1 1 7 2 7 7 2 2 2 0 4 3 6 1 0 2 6 1 4 0

7 9 7 5 0 8 0 9 6 8 6 9 7 5 1 7 6 6 0 0 2 3 7

1 8 7 7 4 8 3 4 8 0 1 6 1 2 0 3 1 0 2 3 4 6 8

0 5 6 7 1 1 2 6 4 4 7 6 6 1 2 3 7 4 7 6 2 7 8

5 2 1 9 0 2 4 1 2 0 2 5 6 9 9 4 3 5 3 4 7 1 6

2 2 6 6 6 0 8 9 3 6 7 5 2 1 9 8 3 3 1 1 1 8 1

3 5 1 1 1 4 6 5 0 3 8 5 4 8 9 5 0 2 5 1 2 0 6

5 5 7 7 2 6 3 6 1 4 5 4 7 3 6 0 4 4 2 6 8 5 9

4 9 8 0 7 4 3 9 6 9 3 2 3 3 1 2 9 7 1 2 7 3 7

7 1 5 7 3 4 7 0 9 9 7 1 3 9 5 2 2 9 1 1 8 2 6

5 3 4 8 5 1 5 5 5 8 7 1 3 7 3 3 6 6 2 9 1 2 0

2 4 2 7 1 4 3 0 2 5 0 3 7 6 3 2 6 9 5 0 1 3 5

0 9 1 1 6 1 2 9 5 2 9 9 3 7 8 5 8 6 4 6 8 1 3

0 7 2 2 6 4 8 6 0 0 8 2 7 0 8 8 1 3 3 3 5 3 8

1 9 3 7 0 3 6 8 2 5 9 8 8 6 7 8 9 3 3 2 1 2 3

8 3 2 7 0 5 3 2 9 7 6 2 5 8 5 7 3 8 2 7 9 0 0

9 7 8 2 6 4 6 0 5 4 5 5 9 8 5 5 5 1 3 1 8 3 6

6 8 8 8 4 4 6 2 8 2 6 5 1 3 3 7 9 8 4 9 1 6 6

7 8 3 9 4 0 9 7 6 1 3 5 3 7 6 6 2 5 1 7 9 8 2

5 8 2 4 9 6 6 3 4 5 8 7 7 1 9 5 0 1 2 4 3 8 4

0 4 0 3 5 9 1 4 0 8 4 9 2 0 9 7 3 3 7 5 4 6 4

2 4 7 4 4 8 8 1 7 6 1 8 4 0 7 0 0 2 3 5 6 9 5

8 0 1 7 7 4 1 0 1 7 7 6 9 6 9 2 5 0 7 7 8 1 4

8 9 3 3 8 6 6 7 2 5 5 7 8 9 8 5 6 4 5 8 9 8 5

1 0 5 6 8 9 1 9 6 0 9 2 4 3 9 8 8 4 1 5 6 9 2

8 0 6 9 6 9 8 3 3 5 2 2 4 0 2 2 5 6 3 4 5 7 0

4 9 7 3 1 2 2 4 5 2 6 9 3 5 4 1 9 3 8 3 7 0 0

4 8 4 3 1 8 3 3 5 7 1 9 6 5 1 6 6 2 6 7 2 1 5

7 5 5 2 4 1 9 3 4 0 1 9 3 3 0 9 9 0 1 8 3 1 9

3 0 9 1 9 6 5 8 2 9 2 0 9 6 9 6 5 6 2 4 7 6 6
7 6 8 3 6 5 9 6 4 7 0 1 9 5 9 5 7 5 4 7 3 9 3
4 5 5 1 4 3 3 7 4 1 3 7 0 8 7 6 1 5 1 7 3 2 3
6 7 7 2 0 4 2 2 7 3 8 5 6 7 4 2 7 9 1 7 0 6 9
8 2 0 4 5 4 9 9 5 3 0 9 5 9 1 8 8 7 2 4 3 4 9
3 9 5 2 4 0 9 4 4 4 1 6 7 8 9 9 8 8 4 6 3 1 9
8 4 5 5 0 4 8 5 2 3 9 3 6 6 2 9 7 2 0 7 9 7 7
7 4 5 2 8 1 4 3 9 9 4 1 8 2 5 6 7 8 9 4 5 7 7
9 5 7 1 2 5 5 2 4 2 6 8 2 6 0 8 9 9 4 0 8 6 3
3 1 7 3 7 1 5 3 8 8 9 6 2 6 2 8 8 9 6 2 9 4 0
2 1 1 2 1 0 8 8 8 4 4 2 7 3 7 6 5 6 8 6 2 4 5
2 7 6 1 2 1 3 0 3 7 1 0 1 7 3 0 0 7 8 5 1 3 5
7 1 5 4 0 4 5 3 3 0 4 1 5 0 7 9 5 9 4 4 7 7 7
6 1 4 3 5 9 7 4 3 7 8 0 3 7 4 2 4 3 6 6 4 6 9
7 3 2 4 7 1 3 8 4 1 0 4 9 2 1 2 4 3 1 4 1 3 8
9 0 3 5 7 9 0 9 2 4 1 6 0 3 6 4 0 6 3 1 4 0 3
8 1 4 9 8 3 1 4 8 1 9 0 5 2 5 1 7 2 0 9 3 7 1
0 3 9 6 4 0 2 6 8 0 8 9 9 4 8 3 2 5 7 2 2 9 7
9 5 4 5 6 4 0 4 2 7 0 1 7 5 7 7 2 2 9 0 4 1 7
3 2 3 4 7 9 6 0 7 3 6 1 8 7 8 7 8 8 9 9 1 3 3
1 8 3 0 5 8 4 3 0 6 9 3 9 4 8 2 5 9 6 1 3 1 8

7 1 3 8 1 6 4 2 3 4 6 7 2 1 8 7 3 0 8 4 5 1 3
3 8 7 7 2 1 9 0 8 6 9 7 5 1 0 4 9 4 2 8 4 3 7
6 9 3 2 5 0 2 4 9 8 1 6 5 6 6 7 3 8 1 6 2 6 0
6 1 5 9 4 1 7 6 8 2 5 2 5 0 9 9 9 3 7 4 1 6 7
2 8 8 3 9 5 1 7 4 4 0 6 6 9 3 2 5 4 9 6 5 3 4
0 3 1 0 1 4 5 2 2 2 5 3 1 6 1 8 9 0 0 9 2 3 5
3 7 6 4 8 6 3 7 8 4 8 2 8 8 1 3 4 4 2 0 9 8 7
0 0 4 8 0 9 6 2 2 7 1 7 1 2 2 6 4 0 7 4 8 9 5
7 1 9 3 9 0 0 2 9 1 8 5 7 3 3 0 7 4 6 0 1 0 4
3 6 0 7 2 9 1 9 0 9 4 5 7 6 7 9 9 4 6 1 4 9 2
9 2 9 0 4 2 7 9 8 1 6 8 7 7 2 9 4 2 6 4 8 7 7
2 9 9 5 2 8 5 8 4 3 4 6 4 7 7 7 5 3 8 6 9 0 6
9 5 0 1 4 8 9 8 4 1 3 3 9 2 4 5 4 0 3 9 4 1 4
4 6 8 0 2 6 3 6 2 5 4 0 2 1 1 8 6 1 4 3 1 7 0
3 1 2 5 1 1 1 7 5 7 7 6 4 2 8 2 9 9 1 4 6 4 4
5 3 3 4 0 8 9 2 0 9 7 6 9 6 1 6 9 9 0 9 8 3 7
2 6 5 2 3 6 1 7 6 8 7 4 5 6 0 5 8 9 4 7 0 4 9
6 8 1 7 0 1 3 6 9 7 4 9 0 9 5 2 3 0 7 2 0 8 2
6 8 2 8 8 7 8 9 0 7 3 0 1 9 0 0 1 8 2 5 3 4 2
5 8 0 5 3 4 3 4 2 1 7 0 5 9 2 8 7 1 3 9 3 1 7
3 7 9 9 3 1 4 2 4 1 0 8 5 2 6 4 7 3 9 0 9 4 8

2 8 4 5 9 6 4 1 8 0 9 3 6 1 4 1 3 8 4 7 5 8 3

1 1 3 6 1 3 0 5 7 6 1 0 8 4 6 2 3 6 6 8 3 7 2

3 7 6 9 5 9 1 3 4 9 2 6 1 5 8 2 4 5 1 6 2 2 1

5 5 2 1 3 4 8 7 9 2 4 4 1 4 5 0 4 1 7 5 6 8 4

8 0 6 4 1 2 0 6 3 6 5 2 0 1 7 0 3 8 6 3 3 0 1

2 9 5 3 2 7 7 7 6 9 9 0 2 3 1 1 8 6 4 8 0 2 0

0 6 7 5 5 6 9 0 5 6 8 2 2 9 5 0 1 6 3 5 4 9 3

1 9 9 2 3 0 5 9 1 4 2 4 6 3 9 6 2 1 7 0 2 5 3

2 9 7 4 7 5 7 3 1 1 4 0 9 4 2 2 0 1 8 0 1 9 9

3 6 8 0 3 5 0 2 6 4 9 5 6 3 6 9 5 5 8 6 6 4 2

5 9 0 6 7 6 2 6 8 5 6 8 7 3 7 2 1 1 0 3 3 9 1

5 6 7 9 3 8 3 9 8 9 5 7 6 5 5 6 5 1 9 3 1 7 7

8 8 3 0 0 0 2 4 1 6 1 3 5 3 9 5 6 2 4 3 7 7 7

7 8 4 0 8 0 1 7 4 8 8 1 9 3 7 3 0 9 5 0 2 0 6

9 9 9 0 0 8 9 0 8 9 9 3 2 8 0 8 8 3 9 7 4 3 0

3 6 7 7 3 6 5 9 5 5 2 4 8 9 1 3 0 0 1 5 6 6 3

3 2 9 4 0 7 7 9 0 7 1 3 9 6 1 5 4 6 4 5 3 4 0

8 8 7 9 1 5 1 0 3 0 0 6 5 1 3 2 1 9 3 4 4 8 6

6 7 3 2 4 8 2 7 5 9 0 7 9 4 6 8 0 7 8 7 9 8 1

9 4 2 5 0 1 9 5 8 2 6 2 2 3 2 0 3 9 5 1 3 1 2

5 2 0 1 4 1 0 9 9 6 0 5 3 1 2 6 0 6 9 6 5 5 5

4 0 4 2 4 8 6 7 0 5 4 9 9 8 6 7 8 6 9 2 3 0 2
1 7 4 6 9 8 9 0 0 9 5 4 7 8 5 0 7 2 5 6 7 2 9
7 8 7 9 4 7 6 9 8 8 8 8 3 1 0 9 3 4 8 7 4 6 4
4 2 6 4 0 0 7 1 8 1 8 3 1 6 0 3 3 1 6 5 5 5 1
1 5 3 4 2 7 6 1 5 5 6 2 2 4 0 5 4 7 4 4 7 3 3
7 8 0 4 9 2 4 6 2 1 4 9 5 2 1 3 3 2 5 8 5 2 7
6 9 8 8 4 7 3 3 6 2 6 9 1 8 2 6 4 9 1 7 4 3 3
8 9 8 7 8 2 4 7 8 9 2 7 8 4 6 8 9 1 8 8 2 8 0
5 4 6 6 9 9 8 2 3 0 3 6 8 9 9 3 9 7 8 3 4 1 3
7 4 7 5 8 7 0 2 5 8 0 5 7 1 6 3 4 9 4 1 3 5 6
8 4 3 3 9 2 9 3 9 6 0 6 8 1 9 2 0 6 1 7 7 3 3
3 1 7 9 1 7 3 8 2 0 8 5 6 2 4 3 6 4 3 3 6 3 5
3 5 9 8 6 3 4 9 4 4 9 6 8 9 0 7 8 1 0 6 4 0 1
9 6 7 4 0 7 4 4 3 6 5 8 3 6 6 7 0 7 1 5 8 6 9
2 4 5 2 1 1 8 2 9 9 7 8 9 3 8 0 4 0 7 7 1 3 7
5 0 1 2 9 0 8 5 8 6 4 6 5 7 8 9 0 5 7 7 1 4 2
6 8 3 3 5 8 2 7 6 8 9 7 8 5 5 4 7 1 7 6 8 7 1
8 4 4 2 7 7 2 6 1 2 0 5 0 9 2 6 6 4 8 6 1 0 2
0 5 1 5 3 5 6 4 2 8 4 0 6 3 2 3 6 8 4 8 1 8 0
7 2 8 7 9 4 0 7 1 7 1 2 7 9 6 6 8 2 0 0 6 0 7
2 7 5 5 9 5 5 5 9 0 4 0 4 0 2 3 3 1 7 8 7 4 9

4 4 7 3 4 6 4 5 4 7 6 0 6 2 8 1 8 9 5 4 1 5 1

2 1 3 9 1 6 2 9 1 8 4 4 4 2 9 7 6 5 1 0 6 6 9

4 7 9 6 9 3 5 4 0 1 6 8 6 6 0 1 0 0 5 5 1 9 6

0 7 7 6 8 7 3 3 5 3 9 6 5 1 1 6 1 4 9 3 0 9 3

7 5 7 0 9 6 8 5 5 4 5 5 9 3 8 1 5 1 3 7 8 9 5

6 9 0 3 9 2 5 1 0 1 4 9 5 3 2 6 5 6 2 8 1 4 7

0 1 1 9 9 8 3 2 6 9 9 2 2 0 0 0 6 6 3 9 2 8 7

5 3 7 4 7 1 3 1 3 5 2 3 6 4 2 1 5 8 9 2 6 5 1

2 6 2 0 4 0 7 2 8 8 7 7 1 6 5 7 8 3 5 8 4 0 5

2 1 9 6 4 6 0 5 4 1 0 5 4 3 5 4 4 3 6 4 2 1 6

6 5 6 2 2 4 4 5 6 5 0 4 2 9 9 9 0 1 0 2 5 6 5

8 6 9 2 7 2 7 9 1 4 2 7 5 2 9 3 1 1 7 2 0 8 2

7 9 3 9 3 7 7 5 1 3 2 6 1 0 6 0 5 2 8 8 1 2 3

5 3 7 3 4 5 1 0 6 8 3 7 2 9 3 9 8 9 3 5 8 0 8

7 1 2 4 3 8 6 9 3 8 5 9 3 4 3 8 9 1 7 5 7 1 3

3 7 6 3 0 0 7 2 0 3 1 9 7 6 0 8 1 6 6 0 4 4 6

4 6 8 3 9 3 7 7 2 5 8 0 6 9 0 9 2 3 7 2 9 7 5

2 3 4 8 6 7 0 2 9 1 6 9 1 0 4 2 6 3 6 9 2 6 2

0 9 0 1 9 9 6 0 5 2 0 4 1 2 1 0 2 4 0 7 7 6 4

8 1 9 0 3 1 6 0 1 4 0 8 5 8 6 3 5 5 5 8 4 2 7 6

0 9 5 3 7 0 8 6 5 5 8 1 6 4 2 7 3 9 9 5 3 4 9

3 4 6 5 4 6 3 1 4 5 0 4 0 4 0 1 9 9 5 2 8 5 3
7 2 5 2 0 0 4 9 5 7 8 0 5 2 5 4 6 5 6 2 5 1 1
5 4 1 0 9 2 5 2 4 3 7 9 9 1 3 2 6 2 6 2 7 1 3
6 0 9 0 9 9 4 0 2 9 0 2 2 6 2 0 6 2 8 3 6 7 5
2 1 3 2 3 0 5 0 6 5 1 8 3 9 3 4 0 5 7 4 5 0 1
1 2 0 9 9 3 4 1 4 6 4 9 1 8 4 3 3 3 2 3 6 4 6
5 6 9 3 7 1 7 2 5 9 1 4 4 8 9 3 2 4 1 5 9 0 0
6 2 4 2 0 2 0 6 1 2 8 8 5 7 3 2 9 2 6 1 3 3 5
9 6 8 0 8 7 2 6 5 0 0 0 4 5 6 2 8 2 8 4 5 5 7
5 7 4 5 9 6 5 9 2 1 2 0 5 3 0 3 4 1 3 1 0 1 1
1 8 2 7 5 0 1 3 0 6 9 6 1 5 0 9 8 3 5 5 1 5 6
3 2 0 0 4 3 1 0 7 8 4 6 0 1 9 0 6 5 6 5 4 9 3
8 0 6 5 4 2 5 2 5 2 2 9 1 6 1 9 9 1 8 1 9 9 5
9 6 0 2 7 5 2 3 2 7 7 0 2 2 4 9 8 5 5 7 3 8 8
2 4 8 9 9 8 8 2 7 0 7 4 6 5 9 3 6 3 5 5 7 6 8
5 8 2 5 6 0 5 1 8 0 6 8 9 6 4 2 8 5 3 7 6 8 5
0 7 7 2 0 1 2 2 2 0 3 4 7 9 2 0 9 9 3 9 3 6 1
7 9 2 6 8 2 0 6 5 9 0 1 4 2 1 6 5 6 1 5 9 2 5
3 0 6 7 3 7 9 4 4 5 6 8 9 4 9 0 7 0 8 5 3 2 6
3 5 6 8 1 9 6 8 3 1 8 6 1 7 7 2 2 6 8 2 4 9 9
1 1 4 7 2 6 1 5 7 3 2 0 3 5 8 0 7 6 4 6 2 9 8

1 1 6 2 4 4 0 1 3 3 1 6 7 3 7 8 9 2 7 8 8 6 8
9 2 2 9 0 3 2 5 9 3 3 4 9 8 6 1 7 9 7 0 2 1 9
9 4 9 8 1 9 2 5 7 3 9 6 1 7 6 7 3 0 7 5 8 3 4
4 1 7 0 9 8 5 5 9 2 2 2 1 7 0 1 7 1 8 2 5 7 1
2 7 7 7 5 3 4 4 9 1 5 0 8 2 0 5 2 7 8 4 3 0 9
0 4 6 1 9 4 6 0 8 3 5 2 1 7 4 0 2 0 0 5 8 3 8
6 7 2 8 4 9 7 0 9 4 1 1 0 2 3 2 6 6 9 5 3 9 2
1 4 4 5 4 6 1 0 6 6 2 1 5 0 0 6 4 1 0 6 7 4 7
4 0 2 0 7 0 0 9 1 8 9 9 1 1 9 5 1 3 7 6 4 6 6
9 0 4 4 8 1 2 6 7 2 5 3 6 9 1 5 3 7 1 6 2 2 9
0 7 9 1 3 8 5 4 0 3 9 3 7 5 6 0 0 7 7 8 3 5 1
5 3 3 7 4 1 6 7 7 4 7 9 4 2 1 0 0 3 8 4 0 0 2
3 0 8 9 5 1 8 5 0 9 9 4 5 4 8 7 7 9 0 3 9 3 4
6 1 2 2 2 0 8 6 5 0 6 0 1 6 0 5 0 0 3 5 1 7
7 6 2 6 4 8 3 1 6 1 1 1 5 3 3 2 5 5 8 7 7 0 5
0 7 3 5 4 1 2 7 9 2 4 9 9 0 9 8 5 9 3 7 3 4 7
3 7 8 7 0 8 1 1 9 4 2 5 3 0 5 5 1 2 1 4 3 6 9
7 9 7 4 9 9 1 4 9 5 1 8 6 0 5 3 5 9 2 0 4 0 3
8 3 0 2 3 5 7 1 6 3 5 2 7 2 7 6 3 0 8 7 4 6 9
3 2 1 9 6 2 2 1 9 0 0 6 4 2 6 0 8 8 6 1 8 3 6
7 6 1 0 3 3 4 6 0 0 2 2 5 5 4 7 7 4 7 7 8 1 3

6 4 1 0 1 2 6 9 1 9 0 6 5 6 9 6 8 6 4 9 5 0 1

2 6 8 8 3 7 6 2 9 6 9 0 7 2 3 3 9 6 1 2 7 6 2

8 7 2 2 3 0 4 1 1 4 1 8 1 3 6 1 0 0 6 0 2 6 4

0 4 4 0 3 0 0 3 5 9 9 6 9 8 8 9 1 9 9 4 5 8 2

7 3 9 7 6 2 4 1 1 4 6 1 3 7 4 4 8 0 4 0 5 9 6

9 7 0 6 2 5 7 6 7 6 4 7 2 3 7 6 6 0 6 5 5 4 1

6 1 8 5 7 4 6 9 0 5 2 7 2 2 9 2 3 8 2 2 8 2 7

5 1 8 6 7 9 9 1 5 6 9 8 3 3 9 0 7 4 7 6 7 1 1

4 6 1 0 3 0 2 2 7 7 6 6 0 6 0 2 0 0 6 1 2 4 6

8 7 6 4 7 7 7 2 8 8 1 9 0 9 6 7 9 1 6 1 3 3 5

4 0 1 9 8 8 1 4 0 2 7 5 7 9 9 2 1 7 4 1 6 7 6

7 8 7 9 9 2 3 1 6 0 3 9 6 3 5 6 9 4 9 2 8 5 1

5 1 3 6 3 3 6 4 7 2 1 9 5 4 0 6 1 1 1 7 1 7 6

7 3 8 7 3 7 2 5 5 5 7 2 8 5 2 2 9 4 0 0 5 4 3

6 1 7 8 5 1 7 6 5 0 2 3 0 7 5 4 4 6 9 3 8 6 9

3 0 7 8 7 3 4 9 9 1 1 0 3 5 2 1 8 2 5 3 2 9 2

9 7 2 6 0 4 4 5 5 3 2 1 0 7 9 7 8 8 7 7 1 1 4

4 9 8 9 8 8 7 0 9 1 1 5 1 1 2 3 7 2 5 0 6 0 4

2 3 8 7 5 3 7 3 4 8 4 1 2 5 7 0 8 6 0 6 4 0 6

9 0 5 2 0 5 8 4 5 2 1 2 2 7 5 4 5 3 3 8 4 8 0

0 8 2 0 5 3 0 2 4 5 0 4 5 6 5 1 7 6 6 9 5 1 8

5 7 6 9 1 3 2 0 0 0 4 2 8 1 6 7 5 8 0 5 4 9 2

4 8 1 1 7 8 0 5 1 9 8 3 2 6 4 6 0 3 2 4 4 5 7

9 2 8 2 9 7 3 0 1 2 9 1 0 5 3 1 8 3 8 5 6 3 6

8 2 1 2 0 6 2 1 5 5 3 1 2 8 8 6 6 8 5 6 4 9 5

6 5 1 2 6 1 3 8 9 2 2 6 1 3 6 7 0 6 4 0 9 3 9

5 3 3 3 4 5 7 0 5 2 6 9 8 6 9 5 9 6 9 2 3 5 0

3 5 3 0 9 4 2 2 4 5 4 3 8 6 5 2 7 8 6 7 7 6 7

3 0 2 7 5 4 0 4 0 2 7 0 2 2 4 6 3 8 4 4 8 3 5

5 3 2 3 9 9 1 4 7 5 1 3 6 3 4 4 1 0 4 4 0 5 0

0 9 2 3 3 0 3 6 1 2 7 1 4 9 6 0 8 1 3 5 5 4 9

0 5 3 1 5 3 9 0 2 1 0 0 2 2 9 9 5 9 5 7 5 6 5

8 3 7 0 5 3 8 1 2 6 1 9 6 5 6 8 3 1 4 4 2 8 6

0 5 7 9 5 6 6 9 6 6 2 2 1 5 4 7 2 1 6 9 5 6 2

0 8 7 0 0 1 3 7 2 7 7 6 8 5 3 6 9 6 0 8 4 0 7

0 4 8 3 3 3 2 5 1 3 2 7 9 3 1 1 2 2 3 2 5 0 7

1 4 8 6 3 0 2 0 6 9 5 1 2 4 5 3 9 5 0 0 3 7 3

5 7 2 3 3 4 6 8 0 7 0 9 4 6 5 6 4 8 3 0 8 9 2

0 9 8 0 1 5 3 4 8 7 8 7 0 5 6 3 3 4 9 1 0 9 2

3 6 6 0 5 7 5 5 4 0 5 0 8 6 4 1 1 1 5 2 1 4 4

1 4 8 1 4 3 4 6 3 0 4 3 7 2 7 3 2 7 1 0 4 5 0

2 7 7 6 8 6 6 1 9 5 3 1 0 7 8 5 8 3 2 3 3 3 4

8 5 7 8 4 0 2 9 7 1 6 0 9 2 5 2 1 5 3 2 6 0 9

2 5 5 8 9 3 2 6 5 5 6 0 0 6 7 2 1 2 4 3 5 9 4

6 4 2 5 5 0 6 5 9 9 6 7 7 1 7 7 0 3 8 8 4 4 5

3 9 6 1 8 1 6 3 2 8 7 9 6 1 4 4 6 0 8 1 7 7 8

9 2 7 2 1 7 1 8 3 6 9 0 8 8 8 0 1 2 6 7 7 8 2

0 7 4 3 0 1 0 6 4 2 2 5 2 4 6 3 4 8 0 7 4 5 4

3 0 0 4 7 6 4 9 2 8 8 5 5 5 3 4 0 9 0 6 2 1 8

5 1 5 3 6 5 4 3 5 5 4 7 4 1 2 5 4 7 6 1 5 2 7

6 9 7 7 2 6 6 7 7 6 9 7 7 2 7 7 7 0 5 8 3 1 5

8 0 1 4 1 2 1 8 5 6 8 8 0 1 1 7 0 5 0 2 8 3 6

5 2 7 5 5 4 3 2 1 4 8 0 3 4 8 8 0 0 4 4 4 2 9

7 9 9 9 8 0 6 2 1 5 7 9 0 4 5 6 4 1 6 1 9 5 7

2 1 2 7 8 4 5 0 8 9 2 8 4 8 9 8 0 6 4 2 6 4 9

7 4 2 7 0 9 0 5 7 9 1 2 9 0 6 9 2 1 7 8 0 7 2

9 8 7 6 9 4 7 7 9 7 5 1 1 2 4 4 7 3 0 5 9 9 1

4 0 6 0 5 0 6 2 9 9 4 6 8 9 4 2 8 0 9 3 1 0 3

4 2 1 6 4 1 6 6 2 9 9 3 5 6 1 4 8 2 8 1 3 0 9

9 8 8 7 0 7 4 5 2 9 2 7 1 6 0 4 8 4 3 3 6 3 0

8 1 8 4 0 4 1 2 6 4 6 9 6 3 7 9 2 5 8 4 3 0 9

4 1 8 5 4 4 2 2 1 6 3 5 9 0 8 4 5 7 6 1 4 6 0

7 8 5 5 8 5 6 2 4 7 3 8 1 4 9 3 1 4 2 7 0 7 8

2 6 6 2 1 5 1 8 5 5 4 1 6 0 3 8 7 0 2 0 6 8 7
6 9 8 0 4 6 1 7 4 7 4 0 0 8 0 8 3 2 4 3 4 3 6
6 5 3 8 2 3 5 4 5 5 5 1 0 9 4 4 9 4 9 8 4 3 1
0 9 3 4 9 4 7 5 9 9 4 4 6 7 2 6 7 3 6 6 5 3 5
2 5 1 7 6 6 2 7 0 6 7 7 2 1 9 4 1 8 3 1 9 1 9
7 7 1 9 6 3 7 8 0 1 5 7 0 2 1 6 9 9 3 3 6 7 5
0 8 3 7 6 0 0 5 7 1 6 3 4 5 4 6 4 3 6 7 1 7 7
6 7 2 3 3 8 7 5 8 8 6 4 3 4 0 5 6 4 4 8 7 1 5
6 6 9 6 4 3 2 1 0 4 1 2 8 2 5 9 5 6 4 5 3 4 9
8 4 1 3 8 8 4 1 2 8 9 0 4 2 0 6 8 2 0 4 7 0 0
7 6 1 5 5 9 6 9 1 6 8 4 3 0 3 8 9 9 9 3 4 8 3
6 6 7 9 3 5 4 2 5 4 9 2 1 0 3 2 8 1 1 3 3 6 3
1 8 4 7 2 2 5 9 2 3 0 5 5 5 4 3 8 3 0 5 8 2 0
6 9 4 1 6 7 5 6 2 9 9 9 2 0 1 3 3 7 3 1 7 5 4
8 9 1 2 2 0 3 7 2 3 0 3 4 9 0 7 2 6 8 1 0 6 8
5 3 4 4 5 4 0 3 5 9 9 3 5 6 1 8 2 3 5 7 6 3 1
2 8 3 7 7 6 7 6 4 0 6 3 1 0 1 3 1 2 5 3 3 5 2
1 2 1 4 1 9 9 4 6 1 1 8 6 9 3 5 0 8 3 3 1 7 6
5 8 7 8 5 2 0 4 7 1 1 2 3 6 4 3 3 1 2 2 6 7 6
5 1 2 9 9 6 4 1 7 1 3 2 5 2 1 7 5 1 3 5 5 3 2
6 1 8 6 7 6 8 1 9 4 2 3 3 8 7 9 0 3 6 5 4 6 8

9 0 8 0 0 1 8 2 7 1 3 5 2 8 3 5 8 4 8 8 8 4 4
4 1 1 1 7 6 1 2 3 4 1 0 1 1 7 9 9 1 8 7 0 9 2
3 6 5 0 7 1 8 4 8 5 7 8 5 6 2 2 1 0 2 1 1 0 4
0 0 9 7 7 6 9 9 4 4 5 3 1 2 1 7 9 5 0 2 2 4 7
9 5 7 8 0 6 9 5 0 6 5 3 2 9 6 5 9 4 0 3 8 3 9
8 7 3 6 9 9 0 7 2 4 0 7 9 7 6 7 9 0 4 0 8 2 6
7 9 4 0 0 7 6 1 8 7 2 9 5 4 7 8 3 5 9 6 3 4 9
2 7 9 3 9 0 4 5 7 6 9 7 3 6 6 1 6 4 3 4 0 5 3
5 9 7 9 2 2 1 9 2 8 5 8 7 0 5 7 4 9 5 7 4 8 1
6 9 6 6 9 4 0 6 2 3 3 4 2 7 2 6 1 9 7 3 3 5 1
8 1 3 6 6 2 6 0 6 3 7 3 5 9 8 2 5 7 5 5 5 2 4
9 6 5 0 9 8 0 7 2 6 0 1 2 3 6 6 8 2 8 3 6 0 5
9 2 8 3 4 1 8 5 5 8 4 8 0 2 6 9 5 8 4 1 3 7 7
2 5 5 8 9 7 0 8 8 3 7 8 9 9 4 2 9 1 0 5 4 9 8
0 0 3 3 1 1 1 3 8 8 4 6 0 3 4 0 1 9 3 9 1 6 6
1 2 2 1 8 6 6 9 6 0 5 8 4 9 1 5 7 1 4 8 5 7 3
3 5 6 8 2 8 6 1 4 9 5 0 0 0 1 9 0 9 7 5 9 1 1
2 5 2 1 8 8 0 0 3 9 6 4 1 9 7 6 2 1 6 3 5 5 9
3 7 5 7 4 3 7 1 8 0 1 1 4 8 0 5 5 9 4 4 2 2 9
8 7 3 0 4 1 8 1 9 6 8 0 8 0 8 5 6 4 7 2 6 5 7
1 3 5 4 7 6 1 2 8 3 1 6 2 9 2 0 0 4 4 9 8 8 0

3 1 5 4 0 2 1 0 5 5 3 0 5 9 7 0 7 6 6 6 6 3 6
2 7 4 9 3 2 8 3 0 8 9 1 6 8 8 0 9 3 2 3 5 9 2
9 0 0 8 1 7 8 7 4 1 1 9 8 5 7 3 8 3 1 7 1 9 2
6 1 6 7 2 8 8 3 4 9 1 8 4 0 2 4 2 9 7 2 1 2 9
0 4 3 4 9 6 5 5 2 6 9 4 2 7 2 6 4 0 2 5 5 9 6
4 1 4 6 3 5 2 5 9 1 4 3 4 8 4 0 0 6 7 5 8 6 7
6 9 0 3 5 0 3 8 2 3 2 0 5 7 2 9 3 4 1 3 2 9 8
1 5 9 3 5 3 3 0 4 4 4 4 6 4 9 6 8 2 9 4 4 1 3
6 7 3 2 3 4 4 2 1 5 8 3 8 0 7 6 1 6 9 4 8 3 1
2 1 9 3 3 3 1 1 9 8 1 9 0 6 1 0 9 6 1 4 2 9 5
2 2 0 1 5 3 6 1 7 0 2 9 8 5 7 5 1 0 5 5 9 4 3
2 6 4 6 1 4 6 8 5 0 5 4 5 2 6 8 4 9 7 5 7 6 4
8 0 7 8 0 8 0 0 9 2 2 1 3 3 5 8 1 1 3 7 8 1 9
7 7 4 9 2 7 1 7 6 8 5 4 5 0 7 5 5 3 8 3 2 8 7
6 8 8 7 4 4 7 4 5 9 1 5 9 3 7 3 1 1 6 2 4 7 0
6 0 1 0 9 1 2 4 4 6 0 9 8 2 9 4 2 4 8 4 1 2 8
7 5 2 0 2 2 4 4 6 2 5 9 4 4 7 7 6 3 8 7 4 9 4
9 1 9 9 7 8 4 0 4 4 6 8 2 9 2 5 7 3 6 0 9 6 8
5 3 4 5 4 9 8 4 3 2 6 6 5 3 6 8 6 2 8 4 4 4 8
9 3 6 5 7 0 4 1 1 1 8 1 7 7 9 3 8 0 6 4 4 1 6
1 6 5 3 1 2 2 3 6 0 0 2 1 4 9 1 8 7 6 8 7 6 9

4 6 7 3 9 8 4 0 7 5 1 7 1 7 6 3 0 7 5 1 6 8 4

9 8 5 6 3 5 9 2 0 1 4 8 6 8 9 2 9 4 3 1 0 5 9

4 0 2 0 2 4 5 7 9 6 9 6 2 2 9 2 4 5 6 6 6 4 4

8 8 1 9 6 7 5 7 6 2 9 4 3 4 9 5 3 5 3 2 6 3 8

2 1 7 1 6 1 3 3 9 5 7 5 7 7 9 0 7 6 6 3 7 0 7

6 4 5 6 9 5 7 0 2 5 9 7 3 8 8 0 0 4 3 8 4 1 5

8 0 5 8 9 4 3 3 6 1 3 7 1 0 6 5 5 1 8 5 9 9 8

7 6 0 0 7 5 4 9 2 4 1 8 7 2 1 1 7 1 4 8 8 9 2

9 5 2 2 1 7 3 7 7 2 1 1 4 6 0 8 1 1 5 4 3 4 4

9 8 2 6 6 5 4 7 9 8 7 2 5 8 0 0 5 6 6 7 4 7 2

4 0 5 1 1 2 2 0 0 7 3 8 3 4 5 9 2 7 1 5 7 5 7

2 7 7 1 5 2 1 8 5 8 9 9 4 6 9 4 8 1 1 7 9 4 0

6 4 4 4 6 6 3 9 9 4 3 2 3 7 0 0 4 4 2 9 1 1 4

0 7 4 7 2 1 8 1 8 0 2 2 4 8 2 5 8 3 7 7 3 6 0

1 7 3 4 6 6 8 5 3 0 0 7 4 4 9 8 5 5 6 4 7 1 5

4 2 0 0 3 6 1 2 3 5 9 3 3 9 7 3 1 2 9 1 4 4 5

8 5 9 1 5 2 2 8 8 7 4 0 8 7 1 9 5 0 8 7 0 8 6

3 2 2 1 8 8 3 7 2 8 8 2 6 2 8 2 2 8 8 4 6 3 1

8 4 3 7 1 7 2 6 1 9 0 3 3 0 5 7 7 7 1 4 7 6 5

1 5 6 4 1 4 3 8 2 2 3 0 6 7 9 1 8 4 7 3 8 6 0

3 9 1 4 7 6 8 3 1 0 8 1 4 1 3 5 8 2 7 5 7 5 5

8 5 3 6 4 3 5 9 7 7 2 1 6 5 0 0 2 8 2 7 7 8 0

3 7 1 3 4 2 2 8 6 9 6 8 8 7 8 7 3 4 9 7 9 5 0

9 6 0 3 1 1 0 8 8 9 9 1 9 6 1 4 3 3 8 6 6 6 4

0 6 8 4 5 0 6 9 7 4 2 0 7 8 7 7 0 0 2 8 0 5 0

9 3 6 7 2 0 3 3 8 7 2 3 2 6 2 9 6 3 7 8 5 6 0

3 8 6 5 3 2 1 6 4 3 2 3 4 8 8 1 5 5 5 7 5 5 7

0 1 8 4 6 9 0 8 9 0 7 4 6 4 7 8 7 9 1 2 2 4 3

6 3 7 5 5 5 6 6 6 8 6 7 8 0 6 7 6 1 0 5 4 4 9

5 5 0 1 7 2 6 0 7 9 1 1 4 2 9 3 0 8 3 1 2 8 5

7 6 1 2 5 4 4 8 1 9 4 4 4 4 9 4 7 3 2 4 4 8 1

9 0 9 3 7 9 5 3 6 9 0 0 8 2 0 6 3 8 4 6 3 1 6

7 8 2 2 5 0 6 4 8 0 9 5 3 1 8 1 0 4 0 6 5 7 0

2 5 4 3 2 7 6 0 4 3 8 5 7 0 3 5 0 5 9 2 2 8 1

8 9 1 9 8 7 8 0 6 5 8 6 5 4 1 2 1 8 4 2 9 9 2

1 7 2 7 3 7 2 0 9 5 5 1 0 3 2 4 2 2 5 1 0 7 9

7 1 8 0 7 7 8 3 3 0 4 2 6 0 9 0 8 6 7 9 4 2 7

3 4 2 8 9 5 5 7 3 5 5 5 9 2 5 2 7 2 3 8 0 5 5

1 1 4 4 0 4 3 8 0 0 1 2 3 9 0 4 1 6 8 7 7 1 6

4 4 5 1 8 0 2 2 6 4 9 1 6 8 1 6 4 1 9 2 7 4 0

1 1 0 6 4 5 1 6 2 2 4 3 1 1 0 1 7 0 0 0 5 6 6

9 1 1 2 1 7 3 3 1 8 9 4 2 3 4 0 0 5 4 7 9 5 9

6 8 4 6 6 9 8 0 4 2 9 8 0 1 7 3 6 2 5 7 0 4 0

6 7 3 3 2 8 2 1 2 9 9 6 2 1 5 3 6 8 4 8 8 1 4

0 4 1 0 2 1 9 4 4 6 3 4 2 4 6 4 6 2 2 0 7 4 5

5 7 5 6 4 3 9 6 0 4 5 2 9 8 5 3 1 3 0 7 1 4 0

9 0 8 4 6 0 8 4 9 9 6 5 3 7 6 7 8 0 3 7 9 3 2

0 1 8 9 9 1 4 0 8 6 5 8 1 4 6 6 2 1 7 5 3 1 9

3 3 7 6 6 5 9 7 0 1 1 4 3 3 0 6 0 8 6 2 5 0 0

9 8 2 9 5 6 6 9 1 7 6 3 8 8 4 6 0 5 6 7 6 2 9

7 2 9 3 1 4 6 4 9 1 1 4 9 3 7 0 4 6 2 4 4 6 9

3 5 1 9 8 4 0 3 9 5 3 4 4 4 9 1 3 5 1 4 1 1 9

3 6 6 7 9 3 3 3 0 1 9 3 6 6 1 7 6 6 3 6 5 2 5

5 5 1 4 9 1 7 4 9 8 2 3 0 7 9 8 7 0 7 2 2 8 0

8 6 0 8 5 9 6 2 6 1 1 2 6 6 0 5 0 4 2 8 9 2 9

6 9 6 6 5 3 5 6 5 2 5 1 6 6 8 8 8 8 5 5 7 2 1

1 2 2 7 6 8 0 2 7 7 2 7 4 3 7 0 8 9 1 7 3 8 9

6 3 9 7 7 2 2 5 7 5 6 4 8 9 0 5 3 3 4 0 1 0 3

8 8 5 5 9 3 1 1 2 5 6 7 9 9 9 1 5 1 6 5 8 9 0

2 5 0 1 6 4 8 6 9 6 1 4 2 7 2 0 7 0 0 5 9 1 6

0 5 6 1 6 6 1 5 9 7 0 2 4 5 1 9 8 9 0 5 1 8 3

2 9 6 9 2 7 8 9 3 5 5 5 0 3 0 3 9 3 4 6 8 1 2

1 9 7 6 1 5 8 2 1 8 3 9 8 0 4 8 3 9 6 0 5 6 2

5 2 3 0 9 1 4 6 2 6 3 8 4 4 7 3 8 6 2 9 6 0 3
9 8 4 8 9 2 4 3 8 6 1 8 7 2 9 8 5 0 7 7 7 5 9
2 8 7 9 2 7 2 2 0 6 8 5 5 4 8 0 7 2 1 0 4 9 7
8 1 7 6 5 3 2 8 6 2 1 0 1 8 7 4 7 6 7 6 6 8 9
7 2 4 8 8 4 1 1 3 9 5 6 0 3 4 9 4 8 0 3 7 6 7
2 7 0 3 6 3 1 6 9 2 1 0 0 7 3 5 0 8 3 4 0 7 3
8 6 5 2 6 1 6 8 4 5 0 7 4 8 2 4 9 6 4 4 8 5 9
7 4 2 8 1 3 4 9 3 6 4 8 0 3 7 2 4 2 6 1 1 6 7
0 4 2 6 6 8 7 0 8 3 1 9 2 5 0 4 0 9 9 7 6 1 5
3 1 9 0 7 6 8 5 5 7 7 0 3 2 7 4 2 1 7 8 5 0 1
0 0 0 6 4 4 1 9 8 4 1 2 4 2 0 7 3 9 6 4 0 0 1
3 9 6 0 3 6 0 1 5 8 3 8 1 0 5 6 5 9 2 8 4 1 3
6 8 4 5 7 4 1 1 9 1 0 2 7 3 6 4 2 0 2 7 4 1 6
3 7 2 3 4 8 8 2 1 4 5 2 4 1 0 1 3 4 7 7 1 6 5
2 9 6 0 3 1 2 8 4 0 8 6 5 8 4 1 9 7 8 7 9 5 1
1 1 6 5 1 1 5 2 9 8 2 7 8 1 4 6 2 0 3 7 9 1 3
9 8 5 5 0 0 6 3 9 9 9 6 0 3 2 6 5 9 1 2 4 8 5
2 5 3 0 8 4 9 3 6 9 0 3 1 3 1 3 0 1 0 0 7 9 9
9 7 7 1 9 1 3 6 2 2 3 0 8 6 6 0 1 1 0 9 9 9 2
9 1 4 2 8 7 1 2 4 9 3 8 8 5 4 1 6 1 2 0 3 8 0
2 0 4 1 1 3 4 0 1 8 8 8 8 7 2 1 9 6 9 3 4 7 7

9 0 4 4 9 7 5 2 7 4 5 4 2 8 8 0 7 2 8 0 3 5 0

9 3 0 5 8 2 8 7 5 4 4 2 0 7 5 5 1 3 4 8 1 6 6

6 0 9 2 7 8 7 9 3 5 3 5 6 6 5 2 1 2 5 5 6 2 0

1 3 9 9 8 8 2 4 9 6 2 8 4 7 8 7 2 6 2 1 4 4 3

2 3 6 2 8 5 3 6 7 6 5 0 2 5 9 1 4 5 0 4 6 8 3

7 7 6 3 5 2 8 2 5 8 7 6 5 2 1 3 9 1 5 6 4 8 0

9 7 2 1 4 1 9 2 9 6 7 5 5 4 9 3 8 4 3 7 5 5 8

2 6 0 0 2 5 3 1 6 8 5 3 6 3 5 6 7 3 1 3 7 9 2

6 2 4 7 5 8 7 8 0 4 9 4 4 5 9 4 4 1 8 3 4 2 9

1 7 2 7 5 6 9 8 8 3 7 6 2 2 6 2 6 1 8 4 6 3 6

5 4 5 2 7 4 3 4 9 7 6 6 2 4 1 1 1 3 8 4 5 1 3

0 5 4 8 1 4 4 9 8 3 6 3 1 1 7 8 9 7 8 4 4 8 9

7 3 2 0 7 6 7 1 9 5 0 8 7 8 4 1 5 8 6 1 8 8 7

9 6 9 2 9 5 5 8 1 9 7 3 3 2 5 0 6 9 9 9 5 1 4

0 2 6 0 1 5 1 1 6 7 5 5 2 9 7 5 0 5 7 5 4 3 7

8 1 0 2 4 2 2 3 8 9 5 7 9 2 5 7 8 6 5 6 2 1 2

8 4 3 2 7 3 1 2 0 2 2 0 0 7 1 6 7 3 0 5 7 4 0

6 9 2 8 6 8 6 9 3 6 3 9 3 0 1 8 6 7 6 5 9 5 8

2 5 1 3 2 6 4 9 9 1 4 5 9 5 0 2 6 0 9 1 7 0 6

9 3 4 7 5 1 9 4 0 8 9 7 5 3 5 7 4 6 4 0 1 6 8

3 0 8 1 1 7 9 8 8 4 6 4 5 2 4 7 3 6 1 8 9 5 6

0 5 6 4 7 9 4 2 6 3 5 8 0 7 0 5 6 2 5 6 3 2 8
1 1 8 9 2 6 9 6 6 3 0 2 6 4 7 9 5 3 5 9 5 1 0
9 7 1 2 7 6 5 9 1 3 6 2 3 3 1 8 0 8 6 6 9 2 1
5 3 5 7 8 8 6 0 7 8 1 2 7 5 9 9 1 0 5 3 7 1 7
1 4 0 2 2 0 4 5 0 6 1 8 6 0 7 5 3 7 4 8 6 6 3
0 6 3 5 0 5 9 1 4 8 3 9 1 6 4 6 7 6 5 6 7 2 3
2 0 5 7 1 4 5 1 6 8 8 6 1 7 0 7 9 0 9 8 4 6 9
5 9 3 2 2 3 6 7 2 4 9 4 6 7 3 7 5 8 3 0 9 9 6
0 7 0 4 2 5 8 9 2 2 0 4 8 1 5 5 0 7 9 9 1 3 2
7 5 2 0 8 8 5 8 3 7 8 1 1 1 7 6 8 5 2 1 4 2 6
9 3 3 4 7 8 6 9 2 1 8 9 5 2 4 0 6 2 2 6 5 7 9
2 1 0 4 3 6 2 0 3 4 8 8 5 2 9 2 6 2 6 7 9 8 4
0 1 3 9 5 3 2 1 6 4 5 8 7 9 1 1 5 1 5 7 9 0 5
0 4 6 0 5 7 9 7 1 0 8 3 8 9 8 3 3 7 1 8 6 4 0
3 8 0 2 4 4 1 7 5 1 1 3 4 7 2 2 6 4 7 2 5 4 7
0 1 0 7 9 4 7 9 3 9 9 6 9 5 3 5 5 4 6 6 9 6 1
9 7 2 6 7 6 3 2 5 5 2 2 9 9 1 4 6 5 4 9 3 3 4
9 9 6 6 3 2 3 4 1 8 5 9 5 1 4 5 0 3 6 0 9 8 0
3 4 4 0 9 2 2 1 2 2 0 6 7 1 2 5 6 7 6 9 8 7 2
3 4 2 7 9 4 0 7 0 8 8 5 7 0 7 0 4 7 4 2 9 3 1
7 3 3 2 9 1 8 8 5 2 3 8 9 6 7 2 1 9 7 1 3 5 3

9 2 4 4 9 2 4 2 6 1 7 8 6 4 1 1 8 8 6 3 7 7 9
0 9 6 2 8 1 4 4 8 6 9 1 7 8 6 9 4 6 8 1 7 7 5
9 1 7 1 7 1 5 0 6 6 9 1 1 1 4 8 0 0 2 0 7 5 9
4 3 2 0 1 2 0 6 1 9 6 9 6 3 7 7 9 5 1 0 3 2 2
7 0 8 9 0 2 9 5 6 6 0 8 5 5 6 2 2 2 5 4 5 2 6
0 2 6 1 0 4 6 0 7 3 6 1 3 1 3 6 8 8 6 9 0 0 9
2 8 1 7 2 1 0 6 8 1 9 8 6 1 8 5 5 3 7 8 0 9 8
2 0 1 8 4 7 1 1 5 4 1 6 3 6 3 0 3 2 6 2 6 5 6
9 9 2 8 3 4 2 4 1 5 5 0 2 3 6 0 0 9 7 8 0 4 6
4 1 7 1 0 8 5 2 5 5 3 7 6 1 2 7 2 8 9 0 5 3 3
5 0 4 5 5 0 6 1 3 5 6 8 4 1 4 3 7 7 5 8 5 4 4
2 9 6 7 7 9 7 7 0 1 4 6 6 0 2 9 4 3 8 7 6 8 7
2 2 5 1 1 5 3 6 3 8 0 1 1 9 1 7 5 8 1 5 4 0 2
8 1 2 0 8 1 8 2 5 5 6 0 6 4 8 5 4 1 0 7 8 7 9
3 3 5 9 8 9 2 1 0 6 4 4 2 7 2 4 4 8 9 8 6 1 8
9 6 1 6 2 9 4 1 3 4 1 8 0 0 1 2 9 5 1 3 0 6 8
3 6 3 8 6 0 9 2 9 4 1 0 0 0 8 3 1 3 6 6 7 3 3
7 2 1 5 3 0 0 8 3 5 2 6 9 6 2 3 5 7 3 7 1 7 5
3 3 0 7 3 8 6 5 3 3 3 8 2 0 4 8 4 2 1 9 0 3 0
8 1 8 6 4 4 9 1 8 4 0 9 3 7 2 3 9 4 4 0 3 3 4
0 5 2 4 4 9 0 9 5 5 4 5 5 8 0 1 6 4 0 6 4 6 0

7 6 1 5 8 1 0 1 0 3 0 1 7 6 7 4 8 8 4 7 5 0 1

7 6 6 1 9 0 8 6 9 2 9 4 6 0 9 8 7 6 9 2 0 1 6

9 1 2 0 2 1 8 1 6 8 8 2 9 1 0 4 0 8 7 0 7 0 9

5 6 0 9 5 1 4 7 0 4 1 6 9 2 1 1 4 7 0 2 7 4 1

3 3 9 0 0 5 2 2 5 3 3 4 0 8 3 4 8 1 2 8 7 0 3

5 3 0 3 1 0 2 3 9 1 9 6 9 9 9 7 8 5 9 7 4 1 3

9 0 8 5 9 3 6 0 5 4 3 3 5 9 9 6 9 7 0 7 5 6 0

4 4 6 0 1 3 4 2 4 2 4 5 3 6 8 2 4 9 6 0 9 8 7

7 2 5 8 1 3 1 1 0 2 4 7 3 2 7 9 8 5 6 2 0 7 2

1 2 6 5 7 2 4 9 9 0 0 3 4 6 8 2 9 3 8 8 6 8 7

2 3 0 4 8 9 5 5 6 2 2 5 3 2 0 4 4 6 3 6 0 2 6

3 9 8 5 4 2 2 5 2 5 8 4 1 6 4 6 4 3 2 4 2 7 1

6 1 1 4 1 9 8 1 7 8 0 2 4 8 2 5 9 5 5 6 3 5 4

4 9 0 7 2 1 9 2 2 6 5 8 3 8 6 3 6 6 2 6 6 3 7

5 0 8 3 5 9 4 4 3 1 4 8 7 7 6 3 5 1 5 6 1 4 5

7 1 0 7 4 5 5 2 8 0 1 6 1 5 9 6 7 7 0 4 8 4 4

2 7 1 4 1 9 4 4 3 5 1 8 3 2 7 5 6 9 8 4 0 7 5

5 2 6 7 7 9 2 6 4 1 1 2 6 1 7 6 5 2 5 0 6 1 5

9 6 5 2 3 5 4 5 7 1 8 7 9 5 6 6 7 3 1 7 0 9 1

3 3 1 9 3 5 8 7 6 1 6 2 8 2 5 5 9 2 0 7 8 3 0

8 0 1 8 5 2 0 6 8 9 0 1 5 1 5 0 4 7 1 3 3 4 0

3 8 6 1 0 0 3 1 0 0 5 5 9 1 4 8 1 7 8 5 2 1 1
0 3 8 4 7 5 4 5 4 2 9 3 3 3 8 9 1 8 8 4 4 4 1
2 0 5 1 7 9 4 3 9 6 9 9 7 0 1 9 4 1 1 2 6 9 5
1 1 9 5 2 6 5 6 4 9 1 9 5 9 4 1 8 9 9 7 5 4 1
8 3 9 3 2 3 4 6 4 7 4 2 4 2 9 0 7 0 2 7 1 8 8
7 5 2 2 3 5 3 4 3 9 3 6 7 3 6 3 3 6 6 3 2 0 0
3 0 7 2 3 2 7 4 7 0 3 7 4 0 7 1 2 3 9 8 2 5 6
2 0 2 4 6 6 2 6 5 1 9 7 4 0 9 0 1 9 9 7 6 2 4
5 2 0 5 6 1 9 8 5 5 7 6 2 5 7 6 0 0 0 8 7 0 8
1 7 3 0 8 3 2 8 8 3 4 4 3 8 1 8 3 1 0 7 0 0 5
4 5 1 4 4 9 3 5 4 5 8 8 5 4 2 2 6 7 8 5 7 8 5
5 1 9 1 5 3 7 2 2 9 2 3 7 9 5 5 5 4 9 4 3 3 3
4 1 0 1 7 4 4 2 0 1 6 9 6 0 0 0 9 0 6 9 6 4 1
5 6 1 2 7 3 2 2 9 7 7 7 0 2 2 1 2 1 7 9 5 1 8
6 8 3 7 6 3 5 9 0 8 2 2 5 5 1 2 8 8 1 6 4 7 0
0 2 1 9 9 2 3 4 8 8 6 4 0 4 3 9 5 9 1 5 3 0 1
8 4 6 4 0 0 4 7 1 4 3 2 1 1 8 6 3 6 0 6 2 2 5
2 7 0 1 1 5 4 1 1 2 2 2 8 3 8 0 2 7 7 8 5 3 8
9 1 1 0 9 8 4 9 0 2 0 1 3 4 2 7 4 1 0 1 4 1 2
1 5 5 9 7 6 9 9 9 6 5 4 3 8 8 7 7 1 9 7 4 8 5 3
7 6 4 3 1 1 5 8 2 2 9 8 3 8 5 3 3 1 2 3 0 7 1

7 5 1 1 3 2 9 6 1 9 0 4 5 5 9 0 0 7 9 3 8 0 6

4 2 7 6 6 9 5 8 1 9 0 1 4 8 4 2 6 2 7 9 9 1 2

2 1 7 9 2 9 4 7 9 8 7 3 4 8 9 0 1 8 6 8 4 7 1

6 7 6 5 0 3 8 2 7 3 2 8 5 5 2 0 5 9 0 8 2 9 8

4 5 2 9 8 0 6 2 5 9 2 5 0 3 5 2 1 2 8 4 5 1 9

2 5 9 2 7 9 8 6 5 9 3 5 0 6 1 3 2 9 6 1 9 4 6

7 9 6 2 5 2 3 7 3 9 7 2 5 6 5 5 8 4 1 5 7 8 5

3 7 4 4 5 6 7 5 5 8 9 9 8 0 3 2 4 0 5 4 9 2 1

8 6 9 6 2 8 8 8 4 9 0 3 3 2 5 6 0 8 5 1 4 5 5

3 4 4 3 9 1 6 6 0 2 2 6 2 5 7 7 7 5 5 1 2 9 1

6 2 0 0 7 7 2 7 9 6 8 5 2 6 2 9 3 8 7 9 3 7 5

3 0 4 5 4 1 8 1 0 8 0 7 2 9 2 8 5 8 9 1 9 8 9

7 1 5 3 8 1 7 9 7 3 4 3 4 9 6 1 8 7 2 3 2 9 2

7 6 1 4 7 4 7 8 5 0 1 9 2 6 1 1 4 5 0 4 1 3 2

7 4 8 7 3 2 4 2 9 7 0 5 8 3 4 0 8 4 7 1 1 1 2

3 3 3 7 4 6 2 7 4 6 1 7 2 7 4 6 2 6 5 8 2 4 1

5 3 2 4 2 7 1 0 5 9 3 2 2 5 0 6 2 5 5 3 0 2 3

1 4 7 3 8 7 5 9 2 5 1 7 2 4 7 8 7 3 2 2 8 8 1

4 9 1 4 5 5 9 1 5 6 0 5 0 3 6 3 3 4 5 7 5 4 2

4 2 3 3 7 7 9 1 6 0 3 7 4 9 5 2 5 0 2 4 9 3 0

2 2 3 5 1 4 8 1 9 6 1 3 8 1 1 6 2 5 6 3 9 1 1

4 1 5 6 1 0 3 2 6 8 4 4 9 5 8 0 7 2 5 0 8 2 7
3 4 3 1 7 6 5 9 4 4 0 5 4 0 9 8 2 6 9 7 6 5 2
6 9 3 4 4 5 7 9 8 6 3 4 7 9 7 0 9 7 4 3 1 2 4
4 9 8 2 7 1 9 3 3 1 1 3 8 6 3 8 7 3 1 5 9 6 3
6 3 6 1 2 1 8 6 2 3 4 9 7 2 6 1 4 0 9 5 5 6 0
7 9 9 2 0 6 2 8 3 1 6 9 9 9 4 2 0 0 7 2 0 5 4
8 1 1 5 2 5 3 5 3 3 9 3 9 4 6 0 7 6 8 5 0 0 1
9 9 0 9 8 8 6 5 5 3 8 6 1 4 3 3 4 9 5 7 8 1 6
5 0 0 8 9 9 6 1 6 4 9 0 7 9 6 7 8 1 4 2 9 0 1
1 4 8 3 8 7 6 4 5 6 8 2 1 7 4 9 1 4 0 7 5 6 2
3 7 6 7 6 1 8 4 5 3 7 7 5 1 4 4 0 3 1 4 7 5 4
1 1 2 0 6 7 6 0 1 6 0 7 2 6 4 6 0 5 5 6 8 5 9
2 5 7 7 9 9 3 2 2 0 7 0 3 3 7 3 3 3 3 9 8 9 1
6 3 6 9 5 0 4 3 4 6 6 9 0 6 9 4 8 2 8 4 3 6 6
2 9 9 8 0 0 3 7 4 1 4 5 2 7 6 2 7 7 1 6 5 4 7
6 2 3 8 2 5 5 4 6 1 7 0 8 8 3 1 8 9 8 1 0 8 6
8 8 0 6 8 4 7 8 5 3 7 0 5 5 3 6 4 8 0 4 6 9 3
5 0 9 5 8 8 1 8 0 2 5 3 6 0 5 2 9 7 4 0 7 9 3
5 3 8 6 7 6 5 1 1 1 9 5 0 7 9 3 7 3 2 8 2 0 8
3 1 4 6 2 6 8 9 6 0 0 7 1 0 7 5 1 7 5 5 2 0 6
1 4 4 3 3 7 8 4 1 1 4 5 4 9 9 5 0 1 3 6 4 3 2

4 4 6 3 2 8 1 9 3 3 4 6 3 8 9 0 5 0 9 3 6 5 4

5 7 1 4 5 0 6 9 0 0 8 6 4 4 8 3 4 4 0 1 8 0 4

2 8 3 6 3 3 9 0 5 1 3 5 7 8 1 5 7 2 7 3 9 7 3

3 3 4 5 3 7 2 8 4 2 6 3 3 7 2 1 7 4 0 6 5 7 7

5 7 7 1 0 7 9 8 3 0 5 1 7 5 5 5 7 2 1 0 3 6 7

9 5 9 7 6 9 0 1 8 8 9 9 5 8 4 9 4 1 3 0 1 9 5

9 9 9 5 7 3 0 1 7 9 0 1 2 4 0 1 9 3 9 0 8 6 8

1 3 5 6 5 8 5 5 3 9 6 6 1 9 4 1 3 7 1 7 9 4 4

8 7 6 3 2 0 7 9 8 6 8 8 0 0 3 7 1 6 0 7 3 0 3

2 2 0 5 4 7 4 2 3 5 7 2 2 6 6 8 9 6 8 0 1 8 8

2 1 2 3 4 2 4 3 9 1 8 8 5 9 8 4 1 6 8 9 7 2 2

7 7 6 5 2 1 9 4 0 3 2 4 9 3 2 2 7 3 1 4 7 9 3

6 6 9 2 3 4 0 0 4 8 4 8 9 7 6 0 5 9 0 3 7 9 5

8 0 9 4 6 9 6 0 4 1 7 5 4 2 7 9 6 1 3 7 8 2 5

5 3 7 8 1 2 2 3 9 4 7 6 4 6 1 4 7 8 3 2 9 2 6

9 7 6 5 4 5 1 6 2 2 9 0 2 8 1 7 0 1 1 0 0 4 3

7 8 4 6 0 3 8 7 5 6 5 4 4 1 5 1 7 3 9 4 3 3 9

6 0 0 4 8 9 1 5 3 1 8 8 1 7 5 7 6 6 5 0 5 0 0

9 5 1 6 9 7 4 0 2 4 1 5 6 4 4 7 7 1 2 9 3 6 5

6 6 1 4 2 5 3 9 4 9 3 6 8 8 8 4 2 3 0 5 1 7 4

0 0 1 2 9 9 2 0 5 5 6 8 5 4 2 8 9 8 5 3 8 9 7

9 4 2 6 6 9 9 5 6 7 7 7 0 2 7 0 8 9 1 4 6 5 1
3 7 3 6 8 9 2 2 0 6 1 0 4 4 1 5 4 8 1 6 6 2 1
5 6 8 0 4 2 1 9 8 3 8 4 7 6 7 3 0 8 7 1 7 8 7
5 9 0 2 7 9 2 0 9 1 7 5 9 0 0 6 9 5 2 7 3 4 5
6 6 8 2 0 2 6 5 1 3 3 7 3 1 1 1 5 1 8 0 0 0 1
8 1 4 3 4 1 2 0 9 6 2 6 0 1 6 5 8 6 2 9 8 2 1
0 7 6 6 6 3 5 2 3 3 6 1 7 7 4 0 0 7 8 3 7 7 8
3 4 2 3 7 0 9 1 5 2 6 4 4 0 6 3 0 5 4 0 7 1 8
0 7 8 4 3 3 5 8 0 6 1 0 7 2 9 6 1 1 0 5 5 5 0
0 2 0 4 1 5 1 3 1 6 9 6 3 7 3 0 4 6 8 4 9 2 1
3 3 5 6 8 3 7 2 6 5 4 0 0 3 0 7 5 0 9 8 2 9 0
8 9 3 6 4 6 1 2 0 4 7 8 9 1 1 1 4 7 5 3 0 3 7
0 4 9 8 9 3 9 5 2 8 3 3 4 5 7 8 2 4 0 8 2 8 1
7 3 8 6 4 4 1 3 2 2 7 1 0 0 0 2 9 6 8 3 1 1 9
4 0 2 0 3 3 2 3 4 5 6 4 2 0 8 2 6 4 7 3 2 7 6
2 3 3 8 3 0 2 9 4 6 3 9 3 7 8 9 9 8 3 7 5 8 3
6 5 5 4 5 5 9 9 1 9 3 4 0 8 6 6 2 3 5 0 9 0 9
6 7 9 6 1 1 3 4 0 0 4 8 6 7 0 2 7 1 2 3 1 7 6
5 2 6 6 6 3 7 1 0 7 7 8 7 2 5 1 1 1 8 6 0 3 5
4 0 3 7 5 5 4 4 8 7 4 1 8 6 9 3 5 1 9 7 3 3 6
5 6 6 2 1 7 7 2 3 5 9 2 2 9 3 9 6 7 7 6 4 6 3

2 5 1 5 6 2 0 2 3 4 8 7 5 7 0 1 1 3 7 9 5 7 1

2 0 9 6 2 3 7 7 2 3 4 3 1 3 7 0 2 1 2 0 3 1 0

0 4 9 6 5 1 5 2 1 1 1 9 7 6 0 1 3 1 7 6 4 1 9

4 0 8 2 0 3 4 3 7 3 4 8 5 1 2 8 5 2 6 0 2 9 1

3 3 3 4 9 1 5 1 2 5 0 8 3 1 1 9 8 0 2 8 5 0 1

7 7 8 5 5 7 1 0 7 2 5 3 7 3 1 4 9 1 3 9 2 1 5

7 0 9 1 0 5 1 3 0 9 6 5 0 5 9 8 8 5 9 9 9 9 3

1 5 6 0 8 6 3 6 5 5 4 7 7 4 0 3 5 5 1 8 9 8 1

6 6 7 3 3 5 3 5 8 8 0 0 4 8 2 1 4 6 6 5 0 9 9

7 4 1 4 3 3 7 6 1 1 8 2 7 7 7 2 3 3 5 1 9 1

0 7 4 1 2 1 7 5 7 2 8 4 1 5 9 2 5 8 0 8 7 2 5

9 1 3 1 5 0 7 4 6 0 6 0 2 5 6 3 4 9 0 3 7 7 7

2 6 3 3 7 3 9 1 4 4 6 1 3 7 7 0 3 8 0 2 1 3 1

8 3 4 7 4 4 7 3 0 1 1 1 3 0 3 2 6 7 0 2 9 6 9

1 7 3 3 5 0 4 7 7 0 1 6 3 2 1 0 6 6 1 6 2 2 7

8 3 0 0 2 7 2 6 9 2 8 3 3 6 5 5 8 4 0 1 1 7 9

1 4 1 9 4 4 7 8 0 8 7 4 8 2 5 3 3 6 0 7 1 4 4

0 3 2 9 6 2 5 2 2 8 5 7 7 5 0 0 9 8 0 8 5 9 9

6 0 9 0 4 0 9 3 6 3 1 2 6 3 5 6 2 1 3 2 8 1 6

2 0 7 1 4 5 3 4 0 6 1 0 4 2 2 4 1 1 2 0 8 3 0

1 0 0 0 8 5 8 7 2 6 4 2 5 2 1 1 2 2 6 2 4 8 0

1 4 2 6 4 7 5 1 9 4 2 6 1 8 4 3 2 5 8 5 3 3 8
6 7 5 3 8 7 4 0 5 4 7 4 3 4 9 1 0 7 2 7 1 0 0
4 9 7 5 4 2 8 1 1 5 9 4 6 6 0 1 7 1 3 6 1 2 2
5 9 0 4 4 0 1 5 8 9 9 1 6 0 0 2 2 9 8 2 7 8 0
1 7 9 6 0 3 5 1 9 4 0 8 0 0 4 6 5 1 3 5 3 4 7
5 2 6 9 8 7 7 7 6 0 9 5 2 7 8 3 9 9 8 4 3 6 8
0 8 6 9 0 8 9 8 9 1 9 7 8 3 9 6 9 3 5 3 2 1 7
9 9 8 0 1 3 9 1 3 5 4 4 2 5 5 2 7 1 7 9 1 0 2
2 5 3 9 7 0 1 0 8 1 0 6 3 2 1 4 3 0 4 8 5 1 1
3 7 8 2 9 1 4 9 8 5 1 1 3 8 1 9 6 9 1 4 3 0 4
3 4 9 7 5 0 0 1 8 9 9 8 0 6 8 1 6 4 4 4 1 2 1
2 3 2 7 3 3 2 8 3 0 7 1 9 2 8 2 4 3 6 2 4 0 6
7 3 3 1 9 6 5 5 4 6 9 2 6 7 7 8 5 1 1 9 3 1 5
2 7 7 5 1 1 3 4 4 6 4 6 8 9 0 5 5 0 4 2 4 8 1
1 3 3 6 1 4 3 4 9 8 4 6 0 4 8 4 9 0 5 1 2 5 8
3 4 5 6 8 3 2 6 6 4 4 1 5 2 8 4 8 9 7 1 3 9 7
2 3 7 6 0 4 0 3 2 8 2 1 2 6 6 0 2 5 3 5 1 6 6
9 3 9 1 4 0 8 2 0 4 9 9 4 7 3 2 0 4 8 6 0 2 1
6 2 7 7 5 9 7 9 1 7 7 1 2 3 4 7 5 1 0 9 7 5 0
2 4 0 3 0 7 8 9 3 5 7 5 9 9 3 7 7 1 5 0 9 5 0
2 1 7 5 1 6 9 3 5 5 5 8 2 7 0 7 2 5 3 3 9 1 1

8 9 2 3 3 4 0 7 0 2 2 3 8 3 2 0 7 7 5 8 5 8 0

2 1 3 7 1 7 4 7 7 8 3 7 8 7 7 8 3 9 1 0 1 5 2

3 4 1 3 2 0 9 8 4 8 9 4 2 3 4 5 9 6 1 3 6 9 2

3 4 0 4 9 7 9 9 8 2 7 9 3 0 4 1 4 4 4 6 3 1 6

2 7 0 7 2 1 4 7 9 6 1 1 7 4 5 6 9 7 5 7 1 9 6

8 1 2 3 9 2 9 1 9 1 3 7 4 0 9 8 2 9 2 5 8 0 5

5 6 1 9 5 5 2 0 7 4 3 4 2 4 3 2 9 5 9 8 2 8 9

8 9 8 0 5 2 9 2 3 3 3 6 6 4 1 5 4 1 9 2 5 6 3

6 7 3 8 0 6 8 9 4 9 4 2 0 1 4 7 1 2 4 1 3 4 0

5 2 5 0 7 2 2 0 4 0 6 1 7 9 4 3 5 5 2 5 2 5 5

5 2 2 5 0 0 8 7 4 8 7 9 0 0 8 6 5 6 8 3 1 4 5

4 2 8 3 5 1 6 7 7 5 0 5 4 2 2 9 4 8 0 3 2 7 4

7 8 3 0 4 4 0 5 6 4 3 8 5 8 1 5 9 1 9 5 2 6 6

6 7 5 8 2 8 2 9 2 9 7 0 5 2 2 6 1 2 7 6 2 8 7

1 1 0 4 0 1 3 4 8 0 1 7 8 7 2 2 4 8 0 1 7 8 9

6 8 4 0 5 2 4 0 7 9 2 4 3 6 0 5 8 2 7 4 2 4 6

7 4 4 3 0 7 6 7 2 1 6 4 5 2 7 0 3 1 3 4 5 1 3

5 4 1 6 7 6 4 9 6 6 8 9 0 1 2 7 4 7 8 6 8 0 1

0 1 0 2 9 5 1 3 3 8 6 2 6 9 8 6 4 9 7 4 8 2 1

2 1 1 8 6 2 9 0 4 0 3 3 7 6 9 1 5 6 8 5 7 6 2

4 0 6 9 9 2 9 6 3 7 2 4 9 3 0 9 7 2 0 1 6 2 8

7 0 7 2 0 0 1 8 9 8 3 5 4 2 3 6 9 0 3 6 4 1 4

9 2 7 0 2 3 6 9 6 1 9 3 8 5 4 7 3 7 2 4 8 0 3

2 9 8 5 5 0 4 5 1 1 2 0 8 9 1 9 2 8 7 9 8 2 9

8 7 4 4 6 7 8 6 4 1 2 9 1 5 9 4 1 7 5 3 1 6 7

5 6 0 2 5 3 3 4 3 5 3 1 0 6 2 6 7 4 5 2 5 4 5

0 7 1 1 4 1 8 1 4 8 3 2 3 9 8 8 0 6 0 7 2 9 7

1 4 0 2 3 4 7 2 5 5 2 0 7 1 3 4 9 0 7 9 8 3 9

8 9 8 2 3 5 5 2 6 8 7 2 3 9 5 0 9 0 9 3 6 5 6

6 7 8 7 8 9 9 2 3 8 3 7 1 2 5 7 8 9 7 6 2 4 8

7 5 5 9 9 0 4 4 3 2 2 8 8 9 5 3 8 8 3 7 7 3 1

7 3 4 8 9 4 1 1 2 2 7 5 7 0 7 1 4 1 0 9 5 9 7

9 0 0 4 7 9 1 9 3 0 1 0 4 6 7 4 0 7 5 0 4 1 1

4 3 5 3 8 1 7 8 2 4 6 4 6 3 0 7 9 5 9 8 9 5 5

5 6 3 8 9 9 1 8 8 4 7 7 3 7 8 1 3 4 1 3 4 7 0

7 0 2 4 6 7 4 7 3 6 2 1 1 2 0 4 8 9 8 6 2 2 6

9 9 1 8 8 8 5 1 7 4 5 6 2 5 1 7 3 2 5 1 9 3 4

1 3 5 2 0 3 8 1 1 5 8 6 3 3 5 0 1 2 3 9 1 3 0

5 4 4 4 1 9 1 0 0 7 3 6 2 8 4 4 7 5 6 7 5 1 4

1 6 1 0 5 0 4 1 0 9 7 3 5 0 5 8 5 2 7 6 2 0 4

4 4 8 9 1 9 0 9 7 8 9 0 1 9 8 4 3 1 5 4 8 5 2

8 0 5 3 3 9 8 5 7 7 7 8 4 4 3 1 3 9 3 3 8 8 3

9 9 4 3 1 0 4 4 4 4 6 5 6 6 9 2 4 4 5 5 0 8 8
5 9 4 6 3 1 4 0 8 1 7 5 1 2 2 0 3 3 1 3 9 0 6
8 1 5 9 6 5 9 2 5 1 0 5 4 6 8 5 8 0 1 3 1 3 3
8 3 8 1 5 2 1 7 6 4 1 8 2 1 0 4 3 3 4 2 9 7 8
8 8 2 6 1 1 9 6 3 0 4 4 3 1 1 1 3 8 8 7 9 6 2
5 8 7 4 6 0 9 0 2 2 6 1 3 0 9 0 0 8 4 9 9 7 5
4 3 0 3 9 5 7 7 1 2 4 3 2 3 0 6 1 6 9 0 6 2 6
2 9 1 9 4 0 3 9 2 1 4 3 9 7 4 0 2 7 0 8 9 4 7
7 7 6 6 3 7 0 2 4 8 8 1 5 5 4 9 9 3 2 2 4 5 8
8 2 5 9 7 9 0 2 0 6 3 1 2 5 7 4 3 6 9 1 0 9 4
6 3 9 3 2 5 2 8 0 6 2 4 1 6 4 2 4 7 6 8 6 8 4
9 5 4 5 5 3 2 4 9 3 8 0 1 7 6 3 9 3 7 1 6 1 5
6 3 6 8 4 7 8 5 9 8 2 3 7 1 5 9 0 2 3 8 5 4 2
1 2 6 5 8 4 0 6 1 5 3 6 7 2 2 8 6 0 7 1 3 1 7
0 2 6 7 4 7 4 0 1 3 1 1 4 5 2 6 1 0 6 3 7 6 5
3 8 3 3 9 0 3 1 5 9 2 1 9 4 3 4 6 9 8 1 7 6 0
5 3 5 8 3 8 0 3 1 0 6 1 2 8 8 7 8 5 2 0 5 1 5
4 6 9 3 3 6 3 9 2 4 1 0 8 8 4 6 7 6 3 2 0 0 9
5 6 7 0 8 9 7 1 8 3 6 7 4 9 0 5 7 8 1 6 3 0 8
5 1 5 8 1 3 8 1 6 1 9 6 6 8 8 2 2 2 2 0 4 7 5
7 0 4 3 7 5 9 0 6 1 4 3 3 8 0 4 0 7 2 5 8 5 3

8 6 2 0 8 3 5 6 5 1 7 6 9 9 8 4 2 6 7 7 4 5 2
3 1 9 5 8 2 4 1 8 2 6 8 3 6 9 8 2 7 0 1 6 0 2
3 7 4 1 4 9 3 8 3 6 3 4 9 6 6 2 9 3 5 1 5 7 6
8 5 4 0 6 1 3 9 7 3 4 2 7 4 6 4 7 0 8 9 9 6 8
5 6 1 8 1 7 0 1 6 0 5 5 1 1 0 4 8 8 0 9 7 1 5
5 4 8 5 9 1 1 8 6 1 7 1 8 9 6 6 8 0 2 5 9 7 3
5 4 1 7 0 5 4 2 3 9 8 5 1 3 5 5 6 0 0 1 8 7 2
0 3 3 5 0 7 9 0 6 0 9 4 6 4 2 1 2 7 1 1 4 3 9
9 3 1 9 6 0 4 6 5 2 7 4 2 4 0 5 0 8 8 2 2 2 5
3 5 9 7 7 3 4 8 1 5 1 9 1 3 5 4 3 8 5 7 1 2 5
3 2 5 8 5 4 0 4 9 3 9 4 6 0 1 0 8 6 5 7 9 3 7
9 8 0 5 8 6 2 0 1 4 3 3 6 6 0 7 8 8 2 5 2 1 9
7 1 7 8 0 9 0 2 5 8 1 7 3 7 0 8 7 0 9 1 6 4 6
0 4 5 2 7 2 7 9 7 7 1 5 3 5 0 9 9 1 0 3 4 0 7
3 6 4 2 5 0 2 0 3 8 6 3 8 6 7 1 8 2 2 0 5 2 2
8 7 9 6 9 4 4 5 8 3 8 7 6 5 2 9 4 7 9 5 1 0 4
8 6 6 0 7 1 7 3 9 0 2 2 9 3 2 7 4 5 5 4 2 6 7
8 5 6 6 9 7 7 6 8 6 5 9 3 9 9 2 3 4 1 6 8 3 4
1 2 2 2 7 4 6 6 3 0 1 5 0 6 2 1 5 5 3 2 0 5 0
2 6 5 5 3 4 1 4 6 0 9 9 5 2 4 9 3 5 6 0 5 0 8
5 4 9 2 1 7 5 6 5 4 9 1 3 4 8 3 0 9 5 8 9 0 6

5 3 6 1 7 5 6 9 3 8 1 7 6 3 7 4 7 3 6 4 4 1 8
3 3 7 8 9 7 4 2 2 9 7 0 0 7 0 3 5 4 5 2 0 6 6
6 3 1 7 0 9 2 9 6 0 7 5 9 1 9 8 9 6 2 7 7 3 2
4 2 3 0 9 0 2 5 2 3 9 7 4 4 3 8 6 1 0 1 4 2 6
3 0 9 8 6 8 7 7 3 3 9 1 3 8 8 2 5 1 8 6 8 4 3
1 6 5 0 1 0 2 7 9 6 4 9 1 1 4 9 7 7 3 7 5 8 2
8 8 8 9 1 3 4 5 0 3 4 1 1 4 8 8 6 5 9 4 8 6 7
0 2 1 5 4 9 2 1 0 1 0 8 4 3 2 8 0 8 0 7 8 3 4
2 8 0 8 9 4 1 7 2 9 8 0 0 8 9 8 3 2 9 7 5 3 6
9 4 0 6 4 4 9 6 9 9 0 3 1 2 5 3 9 9 8 6 3 9 1
9 5 8 1 6 0 1 4 6 8 9 9 5 2 2 0 8 8 0 6 6 2 2
8 5 4 0 8 4 1 4 8 6 4 2 7 4 7 8 6 2 8 1 9 7 5
5 4 6 6 2 9 2 7 8 8 1 4 6 2 1 6 0 7 1 7 1 3 8
1 8 8 0 1 8 0 8 4 0 5 7 2 0 8 4 7 1 5 8 6 8 9
0 6 8 3 6 9 1 9 3 9 3 3 8 1 8 6 4 2 7 8 4 5 4
5 3 7 9 5 6 7 1 9 2 7 2 3 9 7 9 7 2 3 6 4 6 5
1 6 6 7 5 9 2 0 1 1 0 5 7 9 9 5 6 6 3 9 6 2 5
9 8 5 3 5 5 1 2 7 6 3 5 5 8 7 6 8 1 4 0 2 1 3
4 0 9 8 2 9 0 1 6 2 9 6 8 7 3 4 2 9 8 5 0 7 9
2 4 7 1 8 4 6 0 5 6 8 7 4 8 2 8 3 3 1 3 8 1 2
5 9 1 6 1 9 6 2 4 7 6 1 5 6 9 0 2 8 7 5 9 0 1

0 7 2 7 3 3 1 0 3 2 9 9 1 4 0 6 2 3 8 6 4 6 0

8 3 3 3 3 7 8 6 3 8 2 5 7 9 2 6 3 0 2 3 9 1 5

9 0 0 0 3 5 5 7 6 0 9 0 3 2 4 7 7 2 8 1 3 3 8

8 8 7 3 3 9 1 7 8 0 9 6 9 6 6 6 0 1 4 6 9 6 1

5 0 3 1 7 5 4 2 2 6 7 5 1 1 2 5 9 9 3 3 1 5 5

2 9 6 7 4 2 1 3 3 3 6 3 0 0 2 2 2 9 6 4 9 0 6

4 8 0 9 3 4 5 8 2 0 0 8 1 8 1 0 6 1 8 0 2 1 0

0 2 2 7 6 6 4 5 8 0 4 0 0 2 7 8 2 1 3 3 3 6 7

5 8 5 7 3 0 1 9 0 1 1 3 7 1 7 5 4 6 7 2 7 6 3

0 5 9 0 4 4 3 5 3 1 3 1 3 1 9 0 3 6 0 9 2 4 8

9 0 9 7 2 4 6 4 2 7 9 2 8 4 5 5 5 4 9 9 1 3 4

9 0 0 0 5 1 8 0 2 9 5 7 0 7 0 8 2 9 1 9 0 5 2

5 5 6 7 8 1 8 8 9 9 1 3 8 9 9 6 2 5 1 3 8 6 6

2 3 1 9 3 8 0 0 5 3 6 1 1 3 4 6 2 2 4 2 9 4 6

1 0 2 4 8 9 5 4 0 7 2 4 0 4 8 5 7 1 2 3 2 5 6

6 2 8 8 8 8 9 3 1 7 2 2 1 1 6 4 3 2 9 4 7 8 1

6 1 9 0 5 5 4 8 6 8 0 5 4 9 4 3 4 4 1 0 3 4 0

9 0 6 8 0 7 1 6 0 8 8 0 2 8 2 2 7 9 5 9 6 8 6

9 5 0 1 3 3 6 4 3 8 1 4 2 6 8 2 5 2 1 7 0 4 7

2 8 7 0 8 6 3 0 1 0 1 3 7 3 0 1 1 5 5 2 3 6 8

6 1 4 1 6 9 0 8 3 7 5 6 7 5 7 4 7 6 3 7 2 3 9

7 6 3 1 8 5 7 5 7 0 3 8 1 0 9 4 4 3 3 9 0 5 6

4 5 6 4 4 6 8 5 2 4 1 8 3 0 2 8 1 4 8 1 0 7 9

9 8 3 7 6 9 1 8 5 1 2 1 2 7 2 0 1 9 3 5 0 4 4

0 4 1 8 0 4 6 0 4 7 2 1 6 2 6 9 3 9 4 4 5 7 8

8 3 7 7 0 9 0 1 0 5 9 7 4 6 9 3 2 1 9 7 2 0 5

5 8 1 1 4 0 7 8 7 7 5 9 8 9 7 7 2 0 7 2 0 0 9

6 8 9 3 8 2 2 4 9 3 0 3 2 3 6 8 3 0 5 1 5 8 6

2 6 5 7 2 8 1 1 1 4 6 3 7 9 9 6 9 8 3 1 3 7 5

1 7 9 3 7 6 2 3 2 1 5 1 1 1 2 5 2 3 4 9 7 3 4

3 0 5 2 4 0 6 2 2 1 0 5 2 4 4 2 3 4 3 5 3 7 3

2 9 0 5 6 5 5 1 6 3 4 0 6 6 6 9 5 0 6 1 6 5 8

9 2 8 7 8 2 1 8 7 0 7 7 5 6 7 9 4 1 7 6 0 8 0

7 1 2 9 7 3 7 8 1 3 3 5 1 8 7 1 1 7 9 3 1 6 5

0 0 3 3 1 5 5 5 2 3 8 2 2 4 8 7 7 3 0 6 5 3 4

4 4 1 7 9 4 5 3 4 1 5 3 9 5 2 0 2 4 2 4 4 4 9

7 0 3 4 1 0 1 2 0 8 7 4 0 7 2 1 8 8 1 0 9 3 8

8 2 6 8 1 6 7 5 1 2 0 4 2 2 9 9 4 0 4 9 4 8 1

7 9 4 4 9 4 7 2 7 3 2 8 9 4 7 7 0 1 1 1 5 7 4

1 3 9 4 4 1 2 2 8 4 5 5 5 2 1 8 2 8 4 2 4 9 2

2 2 4 0 6 5 8 7 5 2 6 8 9 1 7 2 2 7 2 7 8 0 6

0 7 1 1 6 7 5 4 0 4 6 9 7 3 0 0 8 0 3 7 0 3 9

6 1 8 7 8 7 7 9 6 6 9 4 8 8 2 5 5 5 6 1 4 6 7

4 3 8 4 3 9 2 5 7 0 1 1 5 8 2 9 5 4 6 6 6 1 3

5 8 6 7 8 6 7 1 8 9 7 6 6 1 2 9 7 3 1 1 2 6 7

2 0 0 0 7 2 9 7 1 5 5 3 6 1 3 0 2 7 5 0 3 5 5

6 1 6 7 8 1 7 7 6 5 4 4 2 2 8 7 4 4 2 1 1 4 7

2 9 8 8 1 6 1 4 8 0 2 7 0 5 2 4 3 8 0 6 8 1 7

6 5 3 5 7 3 2 7 5 5 7 8 6 0 2 5 0 5 8 4 7 0 8

4 0 1 3 2 0 8 8 3 7 9 3 2 8 1 6 0 0 8 7 6 9 0

8 1 3 0 0 4 9 2 4 9 1 4 7 3 6 8 2 5 1 7 0 3 5

3 8 2 2 1 9 6 1 9 0 3 9 0 1 4 9 9 9 5 2 3 4 9

5 3 8 7 1 0 5 9 9 7 3 5 1 1 4 3 4 7 8 2 9 2 3

3 9 4 9 9 1 8 7 9 3 6 6 0 8 6 9 2 3 0 1 3 7 5

5 9 6 3 6 8 5 3 2 3 7 3 8 0 6 7 0 3 5 9 1 1 4

4 2 4 3 2 6 8 5 6 1 5 1 2 1 0 9 4 0 4 2 5 9 5

8 2 6 3 9 3 0 1 6 7 8 0 1 7 1 2 8 6 6 9 2 3 9

2 8 3 2 3 1 0 5 7 6 5 8 8 5 1 7 1 4 0 2 0 2 1

1 1 9 6 9 5 7 0 6 4 7 9 9 8 1 4 0 3 1 5 0 5 6

3 3 0 4 5 1 4 1 5 6 4 4 1 4 6 2 3 1 6 3 7 6 3

8 0 9 9 0 4 4 0 2 8 1 6 2 5 6 9 1 7 5 7 6 4 8

9 1 4 2 5 6 9 7 1 4 1 6 3 5 9 8 4 3 9 3 1 7 4

3 3 2 7 0 2 3 7 8 1 2 3 3 6 9 3 8 0 4 3 0 1 2

8 9 2 6 2 6 3 7 5 3 8 2 6 6 7 7 9 5 0 3 4 1 6

9 3 3 4 3 2 3 6 0 7 5 0 0 2 4 8 1 7 5 7 4 1 8

0 8 7 5 0 3 8 8 4 7 5 0 9 4 9 3 9 4 5 4 8 9 6

2 0 9 7 4 0 4 8 5 4 4 2 6 3 5 6 3 7 1 6 4 9 9

5 9 4 9 9 2 0 9 8 0 8 8 4 2 9 4 7 9 0 3 6 3 6

6 6 2 9 7 5 2 6 0 0 3 2 4 3 8 5 6 3 5 2 9 4 5

8 4 4 7 2 8 9 4 4 5 4 7 1 6 6 2 0 9 2 9 7 4 9

5 4 9 6 6 1 6 8 7 7 4 1 4 1 2 0 8 8 2 1 3 0 4

7 7 0 2 2 8 1 6 1 1 6 4 5 6 0 4 4 0 0 7 2 3 6

3 5 1 5 8 1 1 4 9 7 2 9 7 3 9 2 1 8 9 6 6 7 3

7 3 8 2 6 4 7 2 0 4 7 2 2 6 4 2 2 2 1 2 4 2 0

1 6 5 6 0 1 5 0 2 8 4 9 7 1 3 0 6 3 3 2 7 9 5

8 1 4 3 0 2 5 1 6 0 1 3 6 9 4 8 2 5 5 6 7 0 1

4 7 8 0 9 3 5 7 9 0 8 8 9 6 5 7 1 3 4 9 2 6 1

5 8 1 6 1 3 4 6 9 0 1 8 0 6 9 6 5 0 8 9 5 5 6

3 1 0 1 2 1 2 1 8 4 9 1 8 0 5 8 4 7 9 2 2 7 2

0 6 9 1 8 7 1 6 9 6 3 1 6 3 3 0 0 4 4 8 5 8 0

2 0 1 0 2 8 6 0 6 5 7 8 5 8 5 9 1 2 6 9 9 7 4

6 3 7 6 6 1 7 4 1 4 6 3 9 3 4 1 5 9 5 6 9 5 3

9 5 5 4 2 0 3 3 1 4 6 2 8 0 2 6 5 1 8 9 5 1 1

6 7 9 3 8 0 7 4 5 7 3 3 1 5 7 5 9 8 4 6 0 8 6

1 7 3 7 0 2 6 8 7 8 6 7 6 0 2 9 4 3 6 7 7 7 8

0 5 0 0 2 4 4 6 7 3 3 9 1 3 3 2 4 3 1 6 6 9 8

8 0 3 5 4 0 7 3 2 3 2 3 8 8 2 8 1 8 4 7 5 0 1

0 5 1 6 4 1 3 3 1 1 8 9 5 3 7 0 3 6 4 8 8 4 2

2 6 9 0 2 7 0 4 7 8 0 5 2 7 4 2 4 9 0 6 0 3 4

9 2 0 8 2 9 5 4 7 5 5 0 5 4 0 0 3 4 5 7 1 6 0

1 8 4 0 7 2 5 7 4 5 3 6 9 3 8 1 4 5 5 3 1 1 7

5 3 5 4 2 1 0 7 2 6 5 5 7 8 3 5 6 1 5 4 9 9 8

7 4 4 4 7 4 8 0 4 2 7 3 2 3 4 5 7 8 8 0 0 6 1

8 7 3 1 4 9 3 4 1 5 6 6 0 4 6 3 5 2 9 7 9 7 7

9 4 5 5 0 7 5 3 5 9 3 0 4 7 9 5 6 8 7 2 0 9 3

1 6 7 2 4 5 3 6 5 4 7 2 0 8 3 8 1 6 8 5 8 5 5

6 0 6 0 4 3 8 0 1 9 7 7 0 3 0 7 6 4 2 4 6 0 8

3 4 8 9 8 7 6 1 0 1 3 4 5 7 0 9 3 9 4 8 7 7 0

0 2 9 4 6 1 7 5 7 9 2 0 6 1 9 5 2 5 4 9 2 5 5

7 5 7 1 0 9 0 3 8 5 2 5 1 7 1 4 8 8 5 2 5 2 6

5 6 7 1 0 4 5 3 4 9 8 1 3 4 1 9 8 0 3 3 9 0 6

4 1 5 2 9 8 7 6 3 4 3 6 9 5 4 2 0 2 5 6 0 8 0

2 7 7 6 1 4 4 2 1 9 1 4 3 1 8 9 2 1 3 9 3 9 0

8 8 3 4 5 4 3 1 3 1 7 6 9 6 8 5 1 0 1 8 4 0 1

0 3 8 4 4 4 7 2 3 4 8 9 4 8 8 6 9 5 2 0 9 8 1

9 4 3 5 3 1 9 0 6 5 0 6 5 5 5 3 5 4 6 1 7 3 3

5 8 1 4 0 4 5 5 4 4 8 3 7 8 8 4 7 5 2 5 2 6 2

5 3 9 4 9 6 6 5 8 6 9 9 9 2 0 5 8 4 1 7 6 5 2

7 8 0 1 2 5 3 4 1 0 3 3 8 9 6 4 6 9 8 1 8 6 4

2 4 3 0 0 3 4 1 4 6 7 9 1 3 8 0 6 1 9 0 2 8 0

5 9 6 0 7 8 5 4 8 8 8 0 1 0 7 8 9 7 0 5 5 1 6

9 4 6 2 1 5 2 2 8 7 7 3 0 9 0 1 0 4 4 6 7 4 6

2 4 9 7 9 7 9 9 9 2 6 2 7 1 2 0 9 5 1 6 8 4 7

7 9 5 6 8 4 8 2 5 8 3 3 4 1 4 0 2 2 6 6 4 7 7

2 1 0 8 4 3 3 6 2 4 3 7 5 9 3 7 4 1 6 1 0 5 3

6 7 3 4 0 4 1 9 5 4 7 3 8 9 6 4 1 9 7 8 9 5 4

2 5 3 3 5 0 3 6 3 0 1 8 6 1 4 0 0 9 5 1 5 3 4

7 6 6 9 6 1 4 7 6 2 5 5 6 5 1 8 7 3 8 2 3 2 9

2 4 6 8 5 4 7 3 5 6 9 3 5 8 0 2 8 9 6 0 1 1 5

3 6 7 9 1 7 8 7 3 0 3 5 5 3 1 5 9 3 7 8 3 6 3

0 8 2 2 4 8 6 1 5 1 7 7 7 7 0 5 4 1 5 7 7 5 7

6 5 6 1 7 5 9 3 5 8 5 1 2 0 1 6 6 9 2 9 4 3 1

1 1 1 3 8 8 6 3 5 8 2 1 5 9 6 6 7 6 1 8 8 3 0

3 2 6 1 0 4 1 6 4 6 5 1 7 1 4 8 4 6 9 7 9 3 8

5 4 2 2 6 2 1 6 8 7 1 6 1 4 0 0 1 2 2 3 7 8 2

1 3 7 7 9 7 7 4 1 3 1 2 6 8 9 7 7 2 6 6 7 1 2

9 9 2 0 2 5 9 2 2 0 1 7 4 0 8 7 7 0 0 7 6 9 5

6 2 8 3 4 7 3 9 3 2 2 0 1 0 8 8 1 5 9 3 5 6 2

8 6 2 8 1 9 2 8 5 6 3 5 7 1 8 9 3 3 8 4 9 5 8

8 5 0 6 0 3 8 5 3 1 5 8 1 7 9 7 6 0 6 7 9 4 7

9 8 4 0 8 7 8 3 6 0 9 7 5 9 6 0 1 4 9 7 3 3 4

2 0 5 7 2 7 0 4 6 0 3 5 2 1 7 9 0 6 0 5 6 4 7

6 0 3 2 8 5 5 6 9 2 7 6 2 7 3 4 9 5 1 8 2 2 0

3 2 3 6 1 4 4 1 1 2 5 8 4 1 8 2 4 2 6 2 4 7 7

1 2 0 1 2 0 3 5 7 7 6 3 8 8 8 9 5 9 7 4 3 1 8

2 3 2 8 2 7 8 7 1 3 1 4 6 0 8 0 5 3 5 3 3 5 7

4 4 9 4 2 9 7 6 2 1 7 9 6 7 8 9 0 3 4 5 6 8 1

6 9 8 8 9 5 5 3 5 1 8 5 0 4 4 7 8 3 2 5 6 1 6

3 8 0 7 0 9 4 7 6 9 5 1 6 9 9 0 8 6 2 4 7 1 0

0 0 1 9 7 4 8 8 0 9 2 0 5 0 0 9 5 2 1 9 4 3 6

3 2 3 7 8 7 1 9 7 6 4 8 7 0 3 3 9 2 2 3 8 1 1

5 4 0 3 6 3 4 7 5 4 8 8 6 2 6 8 4 5 9 5 6 1 5

9 7 5 5 1 9 3 7 6 5 4 1 0 1 1 5 0 1 4 0 6 7 0

0 1 2 2 6 9 2 7 4 7 4 3 9 3 8 8 8 5 8 9 9 4 3

8 5 9 7 3 0 2 4 5 4 1 4 8 0 1 0 6 1 2 3 5 9 0

8 0 3 6 2 7 4 5 8 5 2 8 8 4 9 3 5 6 3 2 5 1 5

8 5 3 8 4 3 8 3 2 4 2 4 9 3 2 5 2 6 6 6 0 8 7

5 8 8 9 0 8 3 1 8 7 0 0 7 0 9 1 0 0 2 3 7 3 7

7 1 0 6 5 7 6 9 8 5 0 5 6 4 3 3 9 2 8 8 5 4 3

3 7 6 5 8 3 4 2 5 9 6 7 5 0 6 5 3 7 1 5 0 0 5

3 3 3 5 1 4 4 8 9 9 0 8 2 9 3 8 8 7 7 3 7 3 5

2 0 5 1 4 5 9 3 3 3 0 4 9 6 2 6 5 3 1 4 1 5 1

4 1 3 8 6 1 2 4 4 3 7 9 3 5 8 8 5 0 7 0 9 4 4

6 8 8 0 4 5 4 8 6 9 7 5 3 5 8 1 7 0 2 1 2 9 0

8 4 9 0 7 8 7 3 4 7 8 0 6 8 1 4 3 6 6 3 2 3 3

2 2 8 1 9 4 1 5 8 2 7 3 4 5 6 7 1 3 5 6 4 4 3

1 7 1 5 3 7 9 6 7 8 1 8 0 5 8 1 9 5 8 5 2 4 6

4 8 4 0 0 8 4 0 3 2 9 0 9 9 8 1 9 4 3 7 8 1 7

1 8 1 7 7 3 0 2 3 1 7 0 0 3 9 8 9 7 3 3 0 5 0

4 9 5 3 8 7 3 5 6 1 1 6 2 6 1 0 2 3 9 9 9 4 3

3 2 5 9 7 8 0 1 2 6 8 9 3 4 3 2 6 0 5 5 8 4 7

1 0 2 7 8 7 6 4 9 0 1 0 7 0 9 2 3 4 4 3 8 8 4

6 3 4 0 1 1 7 3 5 5 5 6 8 6 5 9 0 3 5 8 5 2 4

4 9 1 9 3 7 0 1 8 1 0 4 1 6 2 6 2 0 8 5 0 4 2

9 9 2 5 8 6 9 7 4 3 5 8 1 7 0 9 8 1 3 3 8 9 4

0 4 5 9 3 4 4 7 1 9 3 7 4 9 3 8 7 7 6 2 4 2 3

2 4 0 9 8 5 2 8 3 2 7 6 2 2 6 6 6 0 4 9 4 2 3

8 5 1 2 9 7 0 9 4 5 3 2 4 5 5 8 6 2 5 2 1 0 3

6 0 0 8 2 9 2 8 6 6 4 9 7 2 4 1 7 4 9 1 9 1 4
1 9 8 8 9 6 6 1 2 9 5 5 8 0 7 6 7 7 0 9 7 9 5
9 4 7 9 5 3 0 6 0 1 3 1 1 9 1 5 9 0 1 1 7 7 3
9 4 3 1 0 4 2 0 9 0 4 9 0 7 9 4 2 4 4 4 8 8 6
8 5 1 3 0 8 6 8 4 4 4 9 3 7 0 5 9 0 9 0 2 6 0
0 6 1 2 0 6 4 9 4 2 5 7 4 4 7 1 0 3 5 3 5 4 7
6 5 7 8 5 9 2 4 2 7 0 8 1 3 0 4 1 0 6 1 8 5 4
6 2 1 9 8 8 1 8 3 0 0 9 0 6 3 4 5 8 8 1 8 7 0
3 8 7 5 5 8 5 6 2 7 4 9 1 1 5 8 7 3 7 5 4 2 1
0 6 4 6 6 7 9 5 1 3 4 6 4 8 7 5 8 6 7 7 1 5 4
3 8 3 8 0 1 8 5 2 1 3 4 8 2 8 1 9 1 5 8 1 2 4
6 2 5 9 9 3 3 5 1 6 0 1 9 8 9 3 5 5 9 5 1 6 7
9 6 8 9 3 2 8 5 2 2 0 5 8 2 4 7 9 9 4 2 1 0 3
4 5 1 2 7 1 5 8 7 7 1 6 3 3 4 5 2 2 2 9 9 5 4
1 8 8 3 9 6 8 0 4 4 8 8 3 5 5 2 9 7 5 3 3 6 1
2 8 6 8 3 7 2 2 5 9 3 5 3 9 0 0 7 9 2 0 1 6 6
6 9 4 1 3 3 9 0 9 1 1 6 8 7 5 8 8 0 3 9 8 8 8
2 8 8 6 9 2 1 6 0 0 2 3 7 3 2 5 7 3 6 1 5 8 8
2 0 7 1 6 3 5 1 6 2 7 1 3 3 2 8 1 0 5 1 8 1 8
7 6 0 2 1 0 4 8 5 2 1 8 0 6 7 5 5 2 6 6 4 8 6
7 3 9 0 8 9 0 0 9 0 7 1 9 5 1 3 8 0 5 8 6 2 6

7 3 5 1 2 4 3 1 2 2 1 5 6 9 1 6 3 7 9 0 2 2 7

7 3 2 8 7 0 5 4 1 0 8 4 2 0 3 7 8 4 1 5 2 5 6

8 3 2 8 8 7 1 8 0 4 6 9 8 7 9 5 2 5 1 3 0 7 3

2 6 6 3 4 0 2 7 8 5 1 9 0 5 9 4 1 7 3 3 8 9 2

0 3 5 8 5 4 0 3 9 5 6 7 7 0 3 5 6 1 1 3 2 9 3

5 4 4 8 2 5 8 5 6 2 8 2 8 7 6 1 0 6 1 0 6 9 8

2 2 9 7 2 1 4 2 0 9 6 1 9 9 3 5 0 9 3 3 1 3 1

2 1 7 1 1 8 7 8 9 1 0 7 8 7 6 6 8 7 2 0 4 4 5

4 8 8 7 6 0 8 9 4 1 0 1 7 4 7 9 8 6 4 7 1 3 7

8 8 2 4 6 2 1 5 3 9 5 5 9 3 3 3 3 3 2 7 5 5 6

2 0 0 9 4 3 9 5 8 0 4 3 4 5 3 7 9 1 9 7 8 2 2

8 0 5 9 0 3 9 5 9 5 9 9 2 7 4 3 6 9 1 3 7 9 3

7 7 8 6 6 4 9 4 0 9 6 4 0 4 8 7 7 7 8 4 1 7 4

8 3 3 6 4 3 2 6 8 4 0 2 6 2 8 2 9 3 2 4 0 6 2

6 0 0 8 1 9 0 8 0 8 1 8 0 4 3 9 0 9 1 4 5 5 6

3 5 1 9 3 6 8 5 6 0 6 3 0 4 5 0 8 9 1 4 2 2 8

9 6 4 5 2 1 9 9 8 7 7 9 8 8 4 9 3 4 7 4 7 7 7

2 9 1 3 2 7 9 7 2 6 6 0 2 7 6 5 8 4 0 1 6 6 7

8 9 0 1 3 6 4 9 0 5 0 8 7 4 1 1 4 2 1 2 6 8 6

1 9 6 9 8 6 2 0 4 4 1 2 6 9 6 5 2 8 2 9 8 1 0

8 7 0 4 5 4 7 9 8 6 1 5 5 9 5 4 5 3 3 8 0 2 1

2 0 1 1 5 5 6 4 6 9 7 9 9 7 6 7 8 5 7 3 8 9 2

0 1 8 6 2 4 3 5 9 9 3 2 6 7 7 7 6 8 9 4 5 4 0

6 0 5 0 8 2 1 8 8 3 8 2 2 7 9 0 9 8 3 3 6 2 7

1 6 7 1 2 4 4 9 0 0 2 6 7 6 1 1 7 8 4 9 8 2 6

4 3 7 7 0 3 3 0 0 2 0 8 1 8 4 4 5 9 0 0 0 9 7

1 7 2 3 5 2 0 4 3 3 1 9 9 4 7 0 8 2 4 2 0 9 8

7 7 1 5 1 4 4 4 9 7 5 1 0 1 7 0 5 5 6 4 3 0 2

9 5 4 2 8 2 1 8 1 9 6 7 0 0 0 9 2 0 2 5 1 5 6

1 5 8 4 4 1 7 4 2 0 5 9 3 3 6 5 8 1 4 8 1 3 4

9 0 2 6 9 3 1 1 1 5 1 7 0 9 3 8 7 2 2 6 0 0 2

6 4 5 8 6 3 0 5 6 1 3 2 5 6 0 5 7 9 2 5 6 0 9

2 7 3 3 2 2 6 5 5 7 9 3 4 6 2 8 0 8 0 5 6 8 3

4 4 3 9 2 1 3 7 3 6 8 8 4 0 5 6 5 0 4 3 4 3 0

7 3 9 6 5 7 4 0 6 1 0 1 7 7 7 9 3 7 0 1 4 1 4

2 4 6 1 5 4 9 3 0 7 0 7 4 1 3 6 0 8 0 5 4 4 2

1 0 0 2 9 5 6 0 0 0 9 5 6 6 3 5 8 8 9 7 7 8 9

9 2 6 7 6 3 0 5 1 7 7 1 8 7 8 1 9 4 3 7 0 6 7

6 1 4 9 8 2 1 7 5 6 4 1 8 6 5 9 0 1 1 6 1 6 0

8 6 5 4 0 8 6 3 5 3 9 1 5 1 3 0 3 9 2 0 1 3 1

6 8 0 5 7 6 9 0 3 4 1 7 2 5 9 6 4 5 3 6 9 2 3

5 0 8 0 6 4 1 7 4 4 6 5 6 2 3 5 1 5 2 3 9 2 9

0 5 0 4 0 9 4 7 9 9 5 3 1 8 4 0 7 4 8 6 2 1 5

1 2 1 0 5 6 1 8 3 3 8 5 4 5 6 6 1 7 6 6 5 2 6

0 6 3 9 3 7 1 3 6 5 8 8 0 2 5 2 1 6 6 6 2 2 3

5 7 6 1 3 2 2 0 1 9 4 1 7 0 1 3 7 2 6 6 4 9 6

6 0 7 3 2 5 2 0 1 0 7 7 1 9 4 7 9 3 1 2 6 5 2

8 2 7 6 3 3 0 2 4 1 3 8 0 5 1 6 4 9 0 7 1 7 4

5 6 5 9 6 4 8 5 3 7 4 8 3 5 4 6 6 9 1 9 4 5 2

3 5 8 0 3 1 5 3 0 1 9 6 9 1 6 0 4 8 0 9 9 4 6

0 6 8 1 4 9 0 4 0 3 7 8 1 9 8 2 9 7 3 2 3 6 0

9 3 0 0 8 7 1 3 5 7 6 0 7 9 8 6 2 1 4 2 5 4 2

2 0 9 6 4 1 9 0 0 4 3 6 7 9 0 5 4 7 9 0 4 9 9

3 0 0 7 8 3 7 2 4 2 1 5 8 1 9 5 4 5 3 5 4 1 8

3 7 1 1 2 9 3 6 8 6 5 8 4 3 0 5 5 3 8 4 2 7 1

7 6 2 8 0 3 5 2 7 9 1 2 8 8 2 1 1 2 9 3 0 8 3

5 1 5 7 5 6 5 6 5 9 9 9 4 4 7 4 1 7 8 8 4 3 8

3 8 1 5 6 5 1 4 8 4 3 4 2 2 9 8 5 8 7 0 4 2 4

5 5 9 2 4 3 4 6 9 3 2 9 5 2 3 2 8 2 1 8 0 3 5

0 8 3 3 3 7 2 6 2 8 3 7 9 1 8 3 0 2 1 6 5 9 1

8 3 6 1 8 1 5 5 4 2 1 7 1 5 7 4 4 8 4 6 5 7 7

8 4 2 0 1 3 4 3 2 9 9 8 2 5 9 4 5 6 6 8 8 4 5

5 8 2 6 6 1 7 1 9 7 9 0 1 2 1 8 0 8 4 9 4 8 0

3 3 2 4 4 8 7 8 7 2 5 8 1 8 3 7 7 4 8 0 5 5 2

2 2 6 8 1 5 1 0 1 1 3 7 1 7 4 5 3 6 8 4 1 7 8

7 0 2 8 0 2 7 4 4 5 2 4 4 2 9 0 5 4 7 4 5 1 8

2 3 4 6 7 4 9 1 9 5 6 4 1 8 8 5 5 1 2 4 4 4 2

1 3 3 7 7 8 3 5 2 1 4 2 3 8 6 5 9 7 9 9 2 5 9

8 8 2 0 3 2 8 7 0 8 5 1 0 9 3 3 8 3 8 6 8 2 9

9 0 6 5 7 1 9 9 4 6 1 4 9 0 6 2 9 0 2 5 7 4 2

7 6 8 6 0 3 8 8 5 0 5 1 1 0 3 2 6 3 8 5 4 4 5

4 0 4 1 9 1 8 4 9 5 8 8 6 6 5 3 8 5 4 5 0 4 0

5 7 1 3 2 3 6 2 9 6 8 1 0 6 9 1 4 6 8 1 4 8 4

7 8 6 9 6 5 9 1 6 6 8 6 1 8 4 2 7 5 6 7 9 8 4

6 0 0 4 1 8 6 8 7 6 2 2 9 8 0 5 5 5 6 2 9 6 3

0 4 5 9 5 3 2 2 7 9 2 3 0 5 1 6 1 6 7 2 1 5 9

1 9 6 8 6 7 5 8 4 9 5 2 3 6 3 5 2 9 8 9 3 5 7

8 8 5 0 7 7 4 6 0 8 1 5 3 7 3 2 1 4 5 4 6 4 2

9 8 4 7 9 2 3 1 0 5 1 1 6 7 6 3 5 7 7 4 9 4 9

4 6 2 2 9 5 2 5 6 9 4 9 7 6 6 0 3 5 9 4 7 3 9

6 2 4 3 0 9 9 5 3 4 3 3 1 0 4 0 4 9 9 4 2 0 9

6 7 7 8 8 3 8 2 7 0 0 2 7 1 4 4 7 8 4 9 4 0 6

9 0 3 7 0 7 3 2 4 9 1 0 6 4 4 4 1 5 1 6 9 6 0

5 3 2 5 6 5 6 0 5 8 6 7 7 8 7 5 7 4 1 7 4 7 2

1 1 0 8 2 7 4 3 5 7 7 4 3 1 5 1 9 4 0 6 0 7 5
7 9 8 3 5 6 3 6 2 9 1 4 3 3 2 6 3 9 7 8 1 2 2
1 8 9 4 6 2 8 7 4 4 7 7 9 8 1 1 9 8 0 7 2 2 5
6 4 6 7 1 4 6 6 4 0 5 4 8 5 0 1 3 1 0 0 9 6 5
6 7 8 6 3 1 4 8 8 0 0 9 0 3 0 3 7 4 9 3 3 8 8
7 5 3 6 4 1 8 3 1 6 5 1 3 4 9 8 2 5 4 6 6 9 4
6 7 3 3 1 6 1 1 8 1 2 3 3 6 4 8 5 4 3 9 7 6 4
9 3 2 5 0 2 6 1 7 9 5 4 9 3 5 7 2 0 4 3 0 5 4
0 2 1 8 2 9 7 4 8 7 1 2 5 1 1 0 7 4 0 4 0 1 1
6 1 1 4 0 5 8 9 9 9 1 1 0 9 3 0 6 2 4 9 2 3 1
2 8 1 3 1 1 6 3 4 0 5 4 9 2 6 2 5 7 1 3 5 6 7
2 1 8 1 8 6 2 8 9 3 2 7 8 6 1 3 8 8 3 3 7 1 8
0 2 8 5 3 5 0 5 6 5 0 3 5 9 1 9 5 2 7 4 1 4 0
0 8 6 9 5 1 0 9 2 6 1 6 7 5 4 1 4 7 6 7 9 2 6
6 8 0 3 2 1 0 9 2 3 7 4 6 7 0 8 7 2 1 3 6 0 6
2 7 8 3 3 2 9 2 2 3 8 6 4 1 3 6 1 9 5 9 4 1 2
1 3 3 9 2 7 8 0 3 6 1 1 8 2 7 6 3 2 4 1 0 6 0
0 4 7 4 0 9 7 1 1 1 1 0 4 8 1 4 0 0 0 3 6 2 3
3 4 2 7 1 4 5 1 4 4 8 3 3 3 4 6 4 1 6 7 5 4 6
6 3 5 4 6 9 9 7 3 1 4 9 4 7 5 6 6 4 3 4 2 3 6
5 9 4 9 3 4 9 6 8 4 5 8 8 4 5 5 1 5 2 4 1 5 0

7 5 6 3 7 6 6 0 5 0 8 6 6 3 2 8 2 7 4 2 4 7 9
4 1 3 6 0 6 2 8 7 6 0 4 1 2 9 0 6 4 4 9 1 3 8
2 8 5 1 9 4 5 6 4 0 2 6 4 3 1 5 3 2 2 5 8 5 8
6 2 4 0 4 3 1 4 1 8 3 8 6 6 9 5 9 0 6 3 3 2 4
5 0 6 3 0 0 0 3 9 2 2 1 3 1 9 2 6 4 7 6 2 5 9
6 2 6 9 1 5 1 0 9 0 4 4 5 7 6 9 5 3 0 1 4 4 4
0 5 4 6 1 8 0 3 7 8 5 7 5 0 3 0 3 6 6 8 6 2 1
2 4 6 2 2 7 8 6 3 9 7 5 2 7 4 6 6 6 7 8 7 0 1
2 1 0 0 3 3 9 2 9 8 4 8 7 3 3 7 5 0 1 4 4 7 5
6 0 0 3 2 2 1 0 0 6 2 2 3 5 8 0 2 9 3 4 3 7 7
4 9 5 5 0 3 2 0 3 7 0 1 2 7 3 8 4 6 8 1 6 3 0
6 1 0 2 6 5 7 0 3 0 0 8 7 2 2 7 5 4 6 2 9 6 6
7 9 6 8 8 0 8 9 0 5 8 7 1 2 7 6 7 6 3 6 1 0 6
6 2 2 5 7 2 2 3 5 2 2 2 9 7 3 9 2 0 6 4 4 3 0
9 3 5 2 4 3 2 7 2 2 8 1 0 0 8 5 9 9 7 3 0 9 5
1 3 2 5 2 8 6 3 0 6 0 1 1 0 5 4 9 7 9 1 5 6 4
4 7 9 1 8 4 5 0 0 4 6 1 8 0 4 6 7 6 2 4 0 8 9
2 8 9 2 5 6 8 0 9 1 2 9 3 0 5 9 2 9 6 0 6 4 2
3 5 7 0 2 1 0 6 1 5 2 4 6 4 6 2 0 5 0 2 3 2 4
8 9 6 6 5 9 3 9 8 7 3 2 4 9 3 3 9 6 7 3 7 6 9
5 2 0 2 3 9 9 1 7 6 0 8 9 8 4 7 4 5 7 1 8 4 3

5 3 1 9 3 6 6 4 6 5 2 9 1 2 5 8 4 8 0 6 4 4 8

0 1 9 6 5 2 0 1 6 2 8 3 8 7 9 5 1 8 9 4 9 9 3

3 6 7 5 9 2 4 1 4 8 5 6 2 6 1 3 6 9 9 5 9 4 5

3 0 7 2 8 7 2 5 4 5 3 2 4 6 3 2 9 1 5 2 9 1 1

0 1 2 8 7 6 3 7 7 0 6 0 5 5 7 0 6 0 9 5 3 1 3

7 7 5 2 7 7 5 1 8 6 7 9 2 3 2 9 2 1 3 4 9 5 5

2 4 5 1 3 3 0 8 9 8 6 7 9 6 9 1 6 5 1 2 9 0 7

3 8 4 1 3 0 2 1 6 7 5 7 3 2 3 8 6 3 7 5 7 5 8

2 0 0 8 0 3 6 3 5 7 5 7 2 8 0 0 2 7 5 4 4 9 0

3 2 7 9 5 3 0 7 9 9 0 0 7 9 9 4 4 2 5 4 1 1 0

8 7 2 5 6 9 3 1 8 8 0 1 4 6 6 7 9 3 5 5 9 5 8

3 4 6 7 6 4 3 2 8 6 8 8 7 6 9 6 6 6 1 0 0 9 7

3 9 5 7 4 9 9 6 7 8 3 6 5 9 3 3 9 7 8 4 6 3 4

6 9 5 9 9 4 8 9 5 0 6 1 0 4 9 0 3 8 3 6 4 7 4

0 9 5 0 4 6 9 5 2 2 6 0 6 3 8 5 8 0 4 6 7 5 8

0 7 3 0 6 9 9 1 2 2 9 0 4 7 4 0 8 9 8 7 9 1 6

6 8 7 2 1 1 7 1 4 7 5 2 7 6 4 4 7 1 1 6 0 4 4

0 1 9 5 2 7 1 8 1 6 9 5 0 8 2 8 9 7 3 3 5 3 7

1 4 8 5 3 0 9 2 8 9 3 7 0 4 6 3 8 4 4 2 0 8 9

3 2 9 9 7 7 1 1 2 5 8 5 6 8 4 0 8 4 6 6 0 8 3

3 9 9 3 4 0 4 5 6 8 9 0 2 6 7 8 7 5 1 6 0 0 8

7 7 5 4 6 1 2 6 7 9 8 8 0 1 5 4 6 5 8 5 6 5 2

2 0 6 1 2 1 0 9 5 3 4 9 0 7 9 6 7 0 7 3 6 5 5

3 9 7 0 2 5 7 6 1 9 9 4 3 1 3 7 6 6 3 9 9 6 0

6 0 6 0 6 1 1 0 6 4 0 6 9 5 9 3 3 0 8 2 8 1 7

1 8 7 6 4 2 6 0 4 3 5 7 3 4 2 5 3 6 1 7 5 6 9

4 3 7 8 4 8 4 8 4 9 5 2 5 0 1 0 8 2 6 6 4 8 8

3 9 5 1 5 9 7 0 0 4 9 0 5 9 8 3 8 0 8 1 2 1 0

5 2 2 1 1 1 1 0 9 1 9 4 3 3 2 3 9 5 1 1 3 6 0

5 1 4 4 6 4 5 9 8 3 4 2 1 0 7 9 9 0 5 8 0 8 2

0 9 3 7 1 6 4 6 4 5 2 3 1 2 7 7 0 4 0 2 3 1 6

0 0 7 2 1 3 8 5 4 3 7 2 3 4 6 1 2 6 7 2 6 0 9

9 7 8 7 0 3 8 5 6 5 7 0 9 1 9 9 8 5 0 7 5 9 5

6 3 4 6 1 3 2 4 8 4 6 0 1 8 8 4 0 9 8 5 0 1 9

4 2 8 7 6 8 7 9 0 2 2 6 8 7 3 4 5 5 6 5 0 0 5

1 9 1 2 1 5 4 6 5 4 4 0 6 3 8 2 9 2 5 3 8 5 1

2 7 6 3 1 7 6 6 3 9 2 2 0 5 0 9 3 8 3 4 5 2 0

4 3 0 0 7 7 3 0 1 7 0 2 9 9 4 0 3 6 2 6 1 5 4

3 4 0 0 1 3 2 2 7 6 3 9 1 0 9 1 2 9 8 8 3 2 7

8 6 3 9 2 0 4 1 2 3 0 0 4 4 5 5 5 1 6 8 4 0 5

4 8 8 9 8 0 9 0 8 0 7 7 9 1 7 4 6 3 6 0 9 2 4

3 9 3 3 4 9 1 2 6 4 1 1 6 4 2 4 0 0 9 3 8 8 0

7 4 6 3 5 6 6 0 7 2 6 2 3 3 6 6 9 5 8 4 2 7 6

4 5 8 3 6 9 8 2 6 8 7 3 4 8 1 5 8 8 1 9 6 1 0

5 8 5 7 1 8 3 5 7 6 7 4 6 2 0 0 9 6 5 0 5 2 6

0 6 5 9 2 9 2 6 3 5 4 8 2 9 1 4 9 9 0 4 5 7 6

8 3 0 7 2 1 0 8 9 3 2 4 5 8 5 7 0 7 3 7 0 1 6

6 0 7 1 7 3 9 8 1 9 4 4 8 5 0 2 8 8 4 2 6 0 3

9 6 3 6 6 0 7 4 6 0 3 1 1 8 4 7 8 6 2 2 5 8 3

1 0 5 6 5 8 0 8 7 0 8 7 0 3 0 5 5 6 7 5 9 5 8

6 1 3 4 1 7 0 0 7 4 5 4 0 2 9 6 5 6 8 7 6 3 4

7 7 4 1 7 6 4 3 1 0 5 1 7 5 1 0 3 6 7 3 2 8 6

9 2 4 5 5 5 8 5 8 2 0 8 2 3 7 2 0 3 8 6 0 1 7

8 1 7 3 9 4 0 5 1 7 5 1 3 0 4 3 7 9 9 4 8 6 8

8 2 2 3 2 0 0 4 4 3 7 8 0 4 3 1 0 3 1 7 0 9 2

1 0 3 4 2 6 1 6 7 4 9 9 8 0 0 0 0 7 3 0 1 6 0

9 4 8 1 4 5 8 6 3 7 4 4 8 8 7 7 8 5 2 2 2 7 3

0 7 6 3 3 0 4 9 5 3 8 3 9 4 4 3 4 5 3 8 2 7 7

0 6 0 8 7 6 0 7 6 3 5 4 2 0 9 8 4 4 5 0 0 8 3

0 6 2 4 7 6 3 0 2 5 3 5 7 2 7 8 1 0 3 2 7 8 3

4 6 1 7 6 6 9 7 0 5 4 4 2 8 7 1 5 5 3 1 5 3 4

0 0 1 6 4 9 7 0 7 6 6 5 7 1 9 5 9 8 5 0 4 1 7

4 8 1 9 9 0 8 7 2 0 1 4 9 0 8 7 5 6 8 6 0 3 7

7 8 3 5 9 1 9 9 4 7 1 9 3 4 3 3 5 2 7 7 2 9 4

7 2 8 5 5 3 7 9 2 5 7 8 7 6 8 4 8 3 2 3 0 1 1

0 1 8 5 9 3 6 5 8 0 0 7 1 7 2 9 1 1 8 6 9 6 7

6 1 7 6 5 5 0 5 3 7 7 5 0 3 0 2 9 3 0 3 3 8 3

0 7 0 6 4 4 8 9 1 2 8 1 1 4 1 2 0 2 5 5 0 6 1

5 0 8 9 6 4 1 1 0 0 7 6 2 3 8 2 4 5 7 4 4 8 8

6 5 5 1 8 2 5 8 1 0 5 8 1 4 0 3 4 5 3 2 0 1 2

4 7 5 4 7 2 3 2 6 9 0 8 7 5 4 7 5 0 7 0 7 8 5

7 7 6 5 9 7 3 2 5 4 2 8 4 4 4 5 9 3 5 3 0 4 4

9 9 2 0 7 0 0 1 4 5 3 8 7 4 8 9 4 8 2 2 6 5 5

6 4 4 2 2 2 3 6 9 6 3 6 5 5 4 4 1 9 4 2 2 5 4

4 1 3 3 8 2 1 2 2 2 5 4 7 7 4 9 7 5 3 5 4 9 4

6 2 4 8 2 7 6 8 0 5 3 3 3 3 6 9 8 3 2 8 4 1 5

6 1 3 8 6 9 2 3 6 3 4 4 3 3 5 8 5 5 3 8 6 8 4

7 1 1 1 1 4 3 0 4 9 8 2 4 8 3 9 8 9 9 1 8 0 3

1 6 5 4 5 8 6 3 8 2 8 9 3 5 3 7 9 9 1 3 0 5 3

5 2 2 2 8 3 3 4 3 0 1 3 7 9 5 3 3 7 2 9 5 4 0

1 6 2 5 7 6 2 3 2 2 8 0 8 1 1 3 8 4 9 9 4 9 1

8 7 6 1 4 4 1 4 1 3 2 2 9 3 3 7 6 7 1 0 6 5 6

3 4 9 2 5 2 8 8 1 4 5 2 8 2 3 9 5 0 6 2 0 9 0

2 2 3 5 7 8 7 6 6 8 4 6 5 0 1 1 6 6 6 0 0 9 7

3 8 2 7 5 3 6 6 0 4 0 5 4 4 6 9 4 1 6 5 3 4 2

2 2 3 9 0 5 2 1 0 8 3 1 4 5 8 5 8 4 7 0 3 5 5

2 9 3 5 2 2 1 9 9 2 8 2 7 2 7 6 0 5 7 4 8 2 1

2 6 6 0 6 5 2 9 1 3 8 5 5 3 0 3 4 5 5 4 9 7 4

4 5 5 1 4 7 0 3 4 4 9 3 9 4 8 6 8 6 3 4 2 9 4

5 9 6 5 8 4 3 1 0 2 4 1 9 0 7 8 5 9 2 3 6 8 0

2 2 4 5 6 0 7 6 3 9 3 6 7 8 4 1 6 6 2 7 0 5 1

8 5 5 5 1 7 8 7 0 2 9 0 4 0 7 3 5 5 7 3 0 4 6

2 0 6 3 9 6 9 2 4 5 3 3 0 7 7 9 5 7 8 2 2 4 5

9 4 9 7 1 0 4 2 0 1 8 8 0 4 3 0 0 0 1 8 3 8 8

1 4 2 9 0 0 8 1 7 3 0 3 9 4 5 0 5 0 7 3 4 2 7

8 7 0 1 3 1 2 4 4 6 6 8 6 0 0 9 2 7 7 8 5 8 1

8 1 1 0 4 0 9 1 1 5 1 1 7 2 9 3 7 4 8 7 3 6 2

7 8 8 7 8 7 4 9 0 7 4 6 5 2 8 5 5 6 5 4 3 4 7

4 8 8 8 6 8 3 1 0 6 4 1 1 0 0 5 1 0 2 3 0 2 0

8 7 5 1 0 7 7 6 8 9 1 8 7 8 1 5 2 5 6 2 2 7 3

5 2 5 1 5 5 0 3 7 9 5 3 2 4 4 4 8 5 7 7 8 7 2

7 7 6 1 7 0 0 1 9 6 4 8 5 3 7 0 3 5 5 5 1 6 7

6 5 5 2 0 9 1 1 9 3 3 9 3 4 3 7 6 2 8 6 6 2 8

4 6 1 9 8 4 4 0 2 6 2 9 5 2 5 2 1 8 3 6 7 8 5

2 2 3 6 7 4 7 5 1 0 8 8 0 9 7 8 1 5 0 7 0 9 8

9 7 8 4 1 3 0 8 6 2 4 5 8 8 1 5 2 2 6 6 0 9 6

3 5 5 1 4 0 1 8 7 4 4 9 5 8 3 6 9 2 6 9 1 7 7

9 9 0 4 7 1 2 0 7 2 6 4 9 4 9 0 5 7 3 7 2 6 4

2 8 6 0 0 5 2 1 1 4 0 3 5 8 1 2 3 1 0 7 6 0 0

6 6 9 9 5 1 8 5 3 6 1 2 4 8 6 2 7 4 6 7 5 6 3

7 5 8 9 6 2 2 5 2 9 9 1 1 6 4 9 6 0 6 6 8 7 6

5 0 8 2 6 1 7 3 4 1 7 8 4 8 4 7 8 9 3 3 7 2 9

5 0 5 6 7 3 9 0 0 7 8 7 8 6 1 7 9 2 5 3 5 1 4

4 0 6 2 1 0 4 5 3 6 6 2 5 0 6 4 0 4 6 3 7 2 8

8 1 5 6 9 8 2 3 2 3 1 7 5 0 0 5 9 6 2 6 1 0 8

0 9 2 1 9 5 5 2 1 1 1 5 0 8 5 9 3 0 2 9 5 5 6

5 4 9 6 7 5 3 8 8 6 2 6 1 2 9 7 2 3 3 9 9 1 4

6 2 8 3 5 8 4 7 6 0 4 8 6 2 7 6 2 7 0 2 7 3 0

9 7 3 9 2 0 2 0 0 1 4 3 2 2 4 8 7 0 7 5 8 2 3

3 7 3 5 4 9 1 5 2 4 6 0 8 5 6 0 8 2 1 0 3 2 8

8 8 2 9 7 4 1 8 3 9 0 6 4 7 8 8 6 9 9 2 3 2 7

3 6 9 1 3 6 0 0 4 8 8 3 7 4 3 6 6 1 5 2 2 3 5

1 7 0 5 8 4 3 7 7 0 5 5 4 5 2 1 0 8 1 5 5 1 3

3 6 1 2 6 2 1 4 2 9 1 1 8 1 5 6 1 5 3 0 1 7 5

8 8 8 2 5 7 3 5 9 4 8 9 2 5 0 7 1 0 8 8 7 9 2

6 2 1 2 8 6 4 1 3 9 2 4 4 3 3 0 9 3 8 3 7 9 7

3 3 3 8 6 7 8 0 6 1 3 1 7 9 5 2 3 7 3 1 5 2 6

6 7 7 3 8 2 0 8 5 8 0 2 4 7 0 1 4 3 3 5 2 7 0

0 9 2 4 3 8 0 3 2 6 6 9 5 1 7 4 2 1 1 9 5 0 7

6 7 0 8 8 4 3 2 6 3 4 6 4 4 2 7 4 9 1 2 7 5 5

8 9 0 7 7 4 6 8 6 3 5 8 2 1 6 2 1 6 6 0 4 2 7

4 1 3 1 5 1 7 0 2 1 2 4 5 8 5 8 6 0 5 6 2 3 3

6 3 1 4 9 3 1 6 4 6 4 6 9 1 3 9 4 6 5 6 2 4 9

7 4 7 1 7 4 1 9 5 8 3 5 4 2 1 8 6 0 7 7 4 8 7

1 1 0 5 7 3 3 8 4 5 8 4 3 3 6 8 9 9 3 9 6 4 5

9 1 3 7 4 0 6 0 3 3 8 2 1 5 9 3 5 2 2 4 3 5 9

4 7 5 1 6 2 6 2 3 9 1 8 8 6 8 5 3 0 7 8 2 2 8

2 1 7 6 3 9 8 3 2 3 7 3 0 6 1 8 0 2 0 4 2 4 6

5 6 0 4 7 7 5 2 7 9 4 3 1 0 4 7 9 6 1 8 9 7 2

4 2 9 9 5 3 3 0 2 9 7 9 2 4 9 7 4 8 1 6 8 4 0

5 2 8 9 3 7 9 1 0 4 4 9 4 7 0 0 4 5 9 0 8 6 4

9 9 1 8 7 2 7 2 7 3 4 5 4 1 3 5 0 8 1 0 1 9 8

3 8 8 1 8 6 4 6 7 3 6 0 9 3 9 2 5 7 1 9 3 0 5

1 1 9 6 8 6 4 5 6 0 1 8 5 5 7 8 2 4 5 0 2 1 8

2 3 1 0 6 5 8 8 9 4 3 7 9 8 6 5 2 2 4 3 2 0 5

0 6 7 7 3 7 9 9 6 6 1 9 6 9 5 5 4 7 2 4 4 0 5

8 5 9 2 2 4 1 7 9 5 3 0 0 6 8 2 0 4 5 1 7 9 5

3 7 0 0 4 3 4 7 2 4 5 1 7 6 2 8 9 3 5 6 6 7 7

0 5 0 8 4 9 0 2 1 3 1 0 7 7 3 6 6 2 5 7 5 1 6

9 7 3 3 5 5 2 7 4 6 2 3 0 2 9 4 3 0 3 1 2 0 3

5 9 6 2 6 0 9 5 3 4 2 3 5 7 4 3 9 7 2 4 9 6 5

9 2 1 1 0 1 0 6 5 7 8 1 7 8 2 6 1 0 8 7 4 5 3

1 8 8 7 4 8 0 3 1 8 7 4 3 0 8 2 3 5 7 3 6 9 9

1 9 5 1 5 6 3 4 0 9 5 7 1 6 2 7 0 0 9 9 2 4 4

4 9 2 9 7 4 9 1 0 5 4 8 9 8 5 1 5 1 9 6 5 8 6

6 4 7 4 0 1 4 8 2 2 5 1 0 6 3 3 5 3 6 7 9 4 9

7 3 7 1 4 2 5 1 0 2 2 9 3 4 1 8 8 2 5 8 5 1 1

7 3 7 1 9 9 4 4 9 9 1 1 5 0 9 7 5 8 3 7 4 6 1

3 0 1 0 5 5 0 5 0 6 4 1 9 7 7 2 1 5 3 1 9 2 9

3 5 4 8 7 5 3 7 1 1 9 1 6 3 0 2 6 2 0 3 0 3 2

8 5 8 8 6 5 8 5 2 8 4 8 0 1 9 3 5 0 9 2 2 5 8

7 5 7 7 5 5 9 7 4 2 5 2 7 6 5 8 4 0 1 1 7 2 1

3 4 2 3 2 3 6 4 8 0 8 4 0 2 7 1 4 3 3 5 6 3 6

7 5 4 2 0 4 6 3 7 5 1 8 2 5 5 2 5 2 4 9 4 4 3

2 9 6 5 7 0 4 3 8 6 1 3 8 7 8 6 5 9 0 1 9 6 5

7 3 8 8 0 2 8 6 8 4 0 1 8 9 4 0 8 7 6 7 2 8 1

6 7 1 4 1 3 7 0 3 3 6 6 1 7 3 2 6 5 0 1 2 0 5

7 8 6 5 3 9 1 5 7 8 0 7 0 3 0 8 8 7 1 4 2 6 1

5 1 9 0 7 5 0 0 1 4 9 2 5 7 6 1 1 2 9 2 7 6 7
5 1 9 3 0 9 6 7 2 8 4 5 3 9 7 1 1 6 0 2 1 3 6
0 6 3 0 3 0 9 0 5 4 2 2 4 3 9 6 6 3 2 0 6 7 4
3 2 3 5 8 2 7 9 7 8 8 9 3 3 2 3 2 4 4 0 5 7 7
9 1 9 9 2 7 8 4 8 4 6 3 3 3 3 9 7 7 7 7 3 7 6
5 5 9 0 1 8 7 0 5 7 4 8 0 6 8 2 8 6 7 8 3 4 7
9 6 5 6 2 4 1 4 6 1 0 2 8 9 9 5 0 8 4 8 7 3 9
9 6 9 2 9 7 0 7 5 0 4 3 2 7 5 3 0 2 9 9 7 2 8
7 2 2 9 7 3 2 7 9 3 4 4 4 2 9 8 8 6 4 6 4 1 2
7 2 5 3 4 8 1 6 0 6 0 3 7 7 9 7 0 7 2 9 8 2 9
9 1 7 3 0 2 9 2 9 6 3 0 8 6 9 5 8 0 1 9 9 6 3
1 2 4 1 3 3 0 4 9 3 9 3 5 0 4 9 3 3 2 5 4 1 2
3 5 5 0 7 1 0 5 4 4 6 1 1 8 2 5 9 1 1 4 1 1 1
6 4 5 4 5 3 4 7 1 0 3 2 9 8 8 1 0 4 7 8 4 4 0
6 7 7 8 0 1 3 8 0 7 7 1 3 1 4 6 5 4 0 0 0 9 9
3 8 6 3 0 6 4 8 1 2 6 6 6 1 4 3 3 0 8 5 8 2 0
6 8 1 1 3 9 5 8 3 8 3 1 9 1 6 9 5 4 5 5 5 8 2
5 9 4 2 6 8 9 5 7 6 9 8 4 1 4 2 8 8 9 3 7 4 3
4 6 7 0 8 4 1 0 7 9 4 6 3 1 8 9 3 2 5 3 9 1 0
6 9 6 3 9 5 5 7 8 0 7 0 6 0 2 1 2 4 5 9 7 4 8
9 8 2 9 3 5 6 4 6 1 3 5 6 0 7 8 8 9 8 3 4 7 2

4 1 9 9 7 9 4 7 8 5 6 4 3 6 2 0 4 2 0 9 4 6 1
3 4 1 2 3 8 7 6 1 3 1 9 8 8 6 5 3 5 2 3 5 8 3
1 2 9 9 6 8 6 2 2 6 8 9 4 8 6 0 8 4 0 8 4 5 6
6 5 5 6 0 6 8 7 6 9 5 4 5 0 1 2 7 4 4 8 6 6 3
1 4 0 5 0 5 4 7 3 5 3 5 1 7 4 6 8 7 3 0 0 9 8
0 6 3 2 2 7 8 0 4 6 8 9 1 2 2 4 6 8 2 1 4 6 0
8 0 6 7 2 7 6 2 7 7 0 8 4 0 2 4 0 2 2 6 6 1 5
5 4 8 5 0 2 4 0 0 8 9 5 2 8 9 1 6 5 7 1 1 7 6
1 7 4 3 9 0 2 0 3 3 7 5 8 4 8 7 7 8 4 2 9 1 1
2 8 9 6 2 3 2 4 7 0 5 9 1 9 1 8 7 4 6 9 1 0 4
2 0 0 5 8 4 8 3 2 6 1 4 0 6 7 7 3 3 3 7 5 1 0
2 7 1 9 5 6 5 3 9 9 4 6 9 7 1 6 2 5 1 7 2 4 8
3 1 2 2 3 0 6 3 3 9 1 9 3 2 8 7 0 7 9 8 3 8 0
0 7 4 8 4 8 5 7 2 6 5 1 6 1 2 3 4 3 4 9 3 3 2
7 3 3 5 6 6 6 4 4 7 3 3 5 8 5 5 6 4 3 0 2 3 5
2 8 0 8 8 3 9 2 4 3 4 8 2 7 8 7 6 0 8 8 6 1 6
4 9 4 3 2 8 9 3 9 9 1 6 6 3 9 9 2 1 0 4 8 8 3
0 7 8 4 7 7 7 0 4 8 0 4 5 7 2 8 4 9 1 4 5 6
3 0 3 3 5 3 2 6 5 0 7 0 0 2 9 5 8 8 9 0 6 2 6
5 9 1 5 4 9 8 5 0 9 4 0 7 9 7 2 7 6 7 5 6 7 1
2 9 7 9 5 0 1 0 0 9 8 2 2 9 4 7 6 2 2 8 9 6 1

8 9 1 5 9 1 4 4 1 5 2 0 0 3 2 2 8 3 8 7 8 7 7
3 4 8 5 1 3 0 9 7 9 0 8 1 0 1 9 1 2 9 2 6 7 2
2 7 1 0 3 7 7 8 8 9 8 0 5 3 9 6 4 1 5 6 3 6 2
3 6 4 1 6 9 1 5 4 9 8 5 7 6 8 4 0 8 3 9 8 4 6
8 8 6 1 6 8 4 3 7 5 4 0 7 0 6 5 1 2 1 0 3 9 0
6 2 5 0 6 1 2 8 1 0 7 6 6 3 7 9 9 0 4 7 9 0 8
8 7 9 6 7 4 7 7 8 0 6 9 7 3 8 4 7 3 1 7 0 4 7
5 2 5 3 4 4 2 1 5 6 3 9 0 3 8 7 2 0 1 2 3 8 8
0 6 3 2 3 6 8 8 0 3 7 0 1 7 9 4 9 3 0 8 9 5 4
9 0 0 7 7 6 3 3 1 5 2 3 0 6 3 5 4 8 3 7 4 2 5
6 8 1 6 6 5 3 3 6 1 6 0 6 6 4 1 9 8 0 0 3 0 1
8 8 2 8 7 1 2 3 7 6 7 4 8 1 8 9 8 3 3 0 2 4 6
8 3 6 3 7 1 4 8 8 3 0 9 2 5 9 2 8 3 3 7 5 9 0
2 2 7 8 9 4 2 5 8 8 0 6 0 0 8 7 2 8 6 0 3 8 8
5 9 1 6 8 8 4 9 7 3 0 6 9 3 9 4 8 0 2 0 5 1 1
2 2 1 7 6 6 3 5 9 1 3 8 2 5 1 5 2 4 2 7 8 6 7
0 0 9 4 4 0 6 9 4 2 3 5 5 1 2 0 2 0 1 5 6 8 3
7 7 7 7 8 8 5 1 8 2 4 6 7 0 0 2 5 6 5 1 7 0 8
5 0 9 2 4 9 6 2 3 7 4 7 7 2 6 8 1 3 6 9 4 2 8
4 3 5 0 0 6 2 9 3 8 8 1 4 4 2 9 9 8 7 9 0 5 3
0 1 0 5 6 2 1 7 3 7 5 4 5 9 1 8 2 6 7 9 9 7 3

2 1 7 7 3 5 0 2 9 3 6 8 9 2 8 0 6 5 2 1 0 0 2
5 3 9 6 2 6 8 8 0 7 4 9 8 0 9 2 6 4 3 4 5 8 0
1 1 6 5 5 7 1 5 8 8 6 7 0 0 4 4 3 5 0 3 9 7 6
5 0 5 3 2 3 4 7 8 2 8 7 3 2 7 3 6 8 8 4 0 8 6
3 5 4 0 0 0 2 7 4 0 6 7 6 7 8 3 8 2 1 9 6 3 5
2 2 2 2 6 5 3 9 2 9 0 9 3 9 8 0 7 3 6 7 3 9 1
3 6 4 0 8 2 8 9 8 7 2 2 0 1 7 7 7 6 7 4 7 1 6
8 1 1 8 1 9 5 8 5 6 1 3 3 7 2 1 5 8 3 1 1 9 0
5 4 6 8 2 9 3 6 0 8 3 2 3 6 9 7 6 1 1 3 4 5 0
2 8 1 7 5 7 8 3 0 2 0 2 9 3 4 8 4 5 9 8 2 9 2
5 0 0 0 8 9 5 6 8 2 6 3 0 2 7 1 2 6 3 2 9 5 8
6 6 2 9 2 1 4 7 6 5 3 1 4 2 2 3 3 3 5 1 7 9 3
0 9 3 3 8 7 9 5 1 3 5 7 0 9 5 3 4 6 3 7 7 1 8
3 6 8 4 0 9 2 4 4 4 4 2 2 0 9 6 3 1 9 3 3 1 2
9 5 6 2 0 3 0 5 5 7 5 5 1 7 3 4 0 0 6 7 9 7 3
7 4 0 6 1 4 1 6 2 1 0 7 9 2 3 6 3 3 4 2 3 8 0
5 6 4 6 8 5 0 0 9 2 0 3 7 1 6 7 1 5 2 6 4 2 5
5 6 3 7 1 8 5 3 8 8 9 5 7 1 4 1 6 4 1 9 7 7 2
3 8 7 4 2 2 6 1 0 5 9 6 6 6 7 3 9 6 9 9 7 1 7
3 1 6 8 1 6 9 4 1 5 4 3 5 0 9 5 2 8 3 1 9 3 5
5 6 4 1 7 7 0 5 6 6 8 6 2 2 2 1 5 2 1 7 9 9 1

1 5 1 3 5 5 6 3 9 7 0 7 1 4 3 3 1 2 8 9 3 6 5

7 5 5 3 8 4 4 6 4 8 3 2 6 2 0 1 2 0 6 4 2 4 3

3 8 0 1 6 9 5 5 8 6 2 6 9 8 5 6 1 0 2 2 4 6 0

6 4 6 0 6 9 3 3 0 7 9 3 8 4 7 8 5 8 8 1 4 3 6

7 4 0 7 0 0 0 5 9 9 7 6 9 7 0 3 6 4 9 0 1 9 2

7 3 3 2 8 8 2 6 1 3 5 3 2 9 3 6 3 1 1 2 4 0 3

6 5 0 6 9 8 6 5 2 1 6 0 6 3 8 9 8 7 2 5 0 2 6

7 2 3 8 0 8 7 4 0 3 3 9 6 7 4 4 3 9 7 8 3 0 2

5 8 2 9 6 8 9 4 2 5 6 8 9 6 7 4 1 8 6 4 3 3 6

1 3 4 9 7 9 4 7 5 2 4 5 5 2 6 2 9 1 4 2 6 5 2

2 8 4 2 4 1 9 2 4 3 0 8 3 3 8 8 1 0 3 5 8 0 0

5 3 7 8 7 0 2 3 9 9 9 5 4 2 1 7 2 1 1 3 6 8 6

5 5 0 2 7 5 3 4 1 3 6 2 2 1 1 6 9 3 1 4 0 6 9

4 6 6 9 5 1 3 1 8 6 9 2 8 1 0 2 5 7 4 7 9 5 9

8 5 6 0 5 1 4 5 0 0 5 0 2 1 7 1 5 9 1 3 3 1 7

7 5 1 6 0 9 9 5 7 8 6 5 5 5 1 9 8 1 8 8 6 1 9

3 2 1 1 2 8 2 1 1 0 7 0 9 4 4 2 2 8 7 2 4 0 4

4 2 4 8 1 1 5 3 4 0 6 0 5 5 8 9 5 9 5 8 3 5 5

8 1 5 2 3 2 0 1 2 1 8 4 6 0 5 8 2 0 5 6 3 5 9

2 6 9 9 3 0 3 4 7 8 8 5 1 1 3 2 0 6 8 6 2 6 6

2 7 5 8 8 7 7 1 4 4 6 0 3 5 9 9 6 6 5 6 1 0 8

4 3 0 7 2 5 6 9 6 5 0 0 5 6 3 0 6 4 4 8 9 1 8
7 5 9 9 4 6 6 5 9 6 7 7 2 8 4 7 1 7 1 5 3 9 5
7 3 6 1 2 1 0 8 1 8 0 8 4 1 5 4 7 2 7 3 1 4 2
6 6 1 7 4 8 9 3 3 1 3 4 1 7 4 6 3 2 6 6 2 3 5
4 2 2 2 0 7 2 6 0 0 1 4 6 0 1 2 7 0 1 2 0 6 9
3 4 6 3 9 5 2 0 5 6 4 4 4 5 5 4 3 2 9 1 6 6 2
9 8 6 6 6 0 7 8 3 0 8 9 0 6 8 1 1 8 7 9 0 0 9
0 8 1 5 2 9 5 0 6 3 6 2 6 7 8 2 0 7 5 6 1 4 3
8 8 8 1 5 7 8 1 3 5 1 1 3 4 6 9 5 3 6 6 3 0 3
8 7 8 4 1 2 0 9 2 3 4 6 9 4 2 8 6 8 7 3 0 8 3
9 3 2 0 4 3 2 3 3 3 8 7 2 7 7 5 4 9 6 8 0 5 2
1 0 3 0 2 8 2 1 5 4 4 3 2 4 7 2 3 3 8 8 8 4 5
2 1 5 3 4 3 7 2 7 2 5 0 1 2 8 5 8 9 7 4 7 6 9
1 4 6 0 8 0 8 3 1 4 4 0 4 1 2 5 8 6 8 1 8 1 5
4 0 0 4 9 1 8 7 7 7 2 2 8 7 8 6 9 8 0 1 8 5 3
4 5 4 5 3 7 0 0 6 5 2 6 6 5 5 6 4 9 1 7 0 9 1
5 4 2 9 5 2 2 7 5 6 7 0 9 2 2 2 1 7 4 7 4 1
1 2 0 6 2 7 2 0 6 5 6 6 2 2 9 8 9 8 0 6 0 3 2
8 9 1 6 7 2 0 6 8 7 4 3 6 5 4 9 4 8 2 4 6 1 0
8 6 9 7 3 6 7 2 2 5 5 4 7 4 0 4 8 1 2 8 8 9 2
4 2 4 7 1 8 5 4 3 2 3 6 0 5 7 5 3 4 1 1 6 7 2

8 5 0 7 5 7 5 5 2 0 5 7 1 3 1 1 5 6 6 9 7 9 5

4 5 8 4 8 8 7 3 9 8 7 4 2 2 2 8 1 3 5 8 8 7 9

8 5 8 4 0 7 8 3 1 3 5 0 6 0 5 4 8 2 9 0 5 5 1

4 8 2 7 8 5 2 9 4 8 9 1 1 2 1 9 0 5 3 8 3 1 9

5 6 2 4 2 2 8 7 1 9 4 8 4 7 5 9 4 0 7 8 5 9 3

9 8 0 4 7 9 0 1 0 9 4 1 9 4 0 7 0 6 7 1 7 6 4

4 3 9 0 3 2 7 3 0 7 1 2 1 3 5 8 8 7 3 8 5 0 4

9 9 9 3 6 3 8 8 3 8 2 0 5 5 0 1 6 8 3 4 0 2 7

7 7 4 9 6 0 7 0 2 7 6 8 4 4 8 8 0 2 8 1 9 1 2

2 2 0 6 3 6 8 8 8 6 3 6 8 1 1 0 4 3 5 6 9 5 2

9 3 0 0 6 5 2 1 9 5 5 2 8 2 6 1 5 2 6 9 9 1 2

7 1 6 3 7 2 7 7 3 8 8 4 1 8 9 9 3 2 8 7 1 3 0

5 6 3 4 6 4 6 8 8 2 2 7 3 9 8 2 8 8 7 6 3 1 9

8 6 4 5 7 0 9 8 3 6 3 0 8 9 1 7 7 8 6 4 8 7 0

8 6 6 7 6 1 8 5 4 8 5 6 8 0 0 4 7 6 7 2 5 5 2

6 7 5 4 1 4 7 4 2 8 5 1 0 2 8 1 4 5 8 0 7 4 0

3 1 5 2 9 9 2 1 9 7 8 1 4 5 5 7 7 5 6 8 4 3 6

8 1 1 1 0 1 8 5 3 1 7 4 9 8 1 6 7 0 1 6 4 2 6

6 4 7 8 8 4 0 9 0 2 6 2 6 8 2 8 2 4 4 4 8 2 5

8 0 2 7 5 3 2 0 9 4 5 4 9 9 1 5 1 0 4 5 1 8 5

1 7 7 1 6 5 4 6 3 1 1 8 0 4 9 0 4 5 6 7 9 8 5

7 1 3 2 5 7 5 2 8 1 1 7 9 1 3 6 5 6 2 7 8 1 5
8 1 1 1 2 8 8 8 1 6 5 6 2 2 8 5 8 7 6 0 3 0 8
7 5 9 7 4 9 6 3 8 4 9 4 3 5 2 7 5 6 7 6 6 1 2
1 6 8 9 5 9 2 6 1 4 8 5 0 3 0 7 8 5 3 6 2 0 4
5 2 7 4 5 0 7 7 5 2 9 5 0 6 3 1 0 1 2 4 8 0 3
4 1 8 0 4 5 8 4 0 5 9 4 3 2 9 2 6 0 7 9 8 5 4
4 3 5 6 2 0 0 9 3 7 0 8 0 9 1 8 2 1 5 2 3 9 2
0 3 7 1 7 9 0 6 7 8 1 2 1 9 9 2 2 8 0 4 9 6 0
6 9 7 3 8 2 3 8 7 4 3 3 1 2 6 2 6 7 3 0 3 0 6
7 9 5 9 4 3 9 6 0 9 5 4 9 5 7 1 8 9 5 7 7 2 1
7 9 1 5 5 9 7 3 0 0 5 8 8 6 9 3 6 4 6 8 4 5 5
7 6 6 7 6 0 9 2 4 5 0 9 0 6 0 8 8 2 0 2 2 1 2
2 3 5 7 1 9 2 5 4 5 3 6 7 1 5 1 9 1 8 3 4 8 7
2 5 8 7 4 2 3 9 1 9 4 1 0 8 9 0 4 4 4 1 1 5 9
5 9 9 3 2 7 6 0 0 4 4 5 0 6 5 5 6 2 0 6 4 6 1
1 6 4 6 5 5 6 6 5 4 8 7 5 9 4 2 4 7 3 6 9 2 5
2 3 3 6 9 5 5 9 9 3 0 3 0 3 5 5 0 9 5 8 1 7 6
2 6 1 7 6 2 3 1 8 4 9 5 6 1 9 0 6 4 9 4 8 3 9
6 7 3 0 0 2 0 3 7 7 6 3 8 7 4 3 6 9 3 4 3 9 9
9 8 2 9 4 3 0 2 0 9 1 4 7 0 7 3 6 1 8 9 4 7 9
3 2 6 9 2 7 6 2 4 4 5 1 8 6 5 6 0 2 3 9 5 5 9

0 5 3 7 0 5 1 2 8 9 7 8 1 6 3 4 5 5 4 2 3 3 2

0 1 1 4 9 7 5 9 9 4 8 9 6 2 7 8 4 2 4 3 2 7 4

8 3 7 8 8 0 3 2 7 0 1 4 1 8 6 7 6 9 5 2 6 2 1

1 8 0 9 7 5 0 0 6 4 0 5 1 4 9 7 5 5 8 8 9 6 5

0 2 9 3 0 0 4 8 6 7 6 0 5 2 0 8 0 1 0 4 9 1 5

3 7 8 8 5 4 1 3 9 0 9 4 2 4 5 3 1 6 9 1 7 1 9

9 8 7 6 2 8 9 4 1 2 7 7 2 2 1 1 2 9 4 6 4 5 6

8 2 9 4 8 6 0 2 8 1 4 9 3 1 8 1 5 6 0 2 4 9 6

7 7 8 8 7 9 4 9 8 1 3 7 7 7 2 1 6 2 2 9 3 5 9

4 3 7 8 1 1 0 0 4 4 4 8 0 6 0 7 9 7 6 7 2 4 2

9 2 7 6 2 4 9 5 1 0 7 8 4 1 5 3 4 4 6 4 2 9 1

5 0 8 4 2 7 6 4 5 2 0 0 0 2 0 4 2 7 6 9 4 7 0

6 9 8 0 4 1 7 7 5 8 3 2 2 0 9 0 9 7 0 2 0 2 9

1 6 5 7 3 4 7 2 5 1 5 8 2 9 0 4 6 3 0 9 1 0 3

5 9 0 3 7 8 4 2 9 7 7 5 7 2 6 5 1 7 2 0 8 7 7

2 4 4 7 4 0 9 5 2 2 6 7 1 6 6 3 0 6 0 0 5 4 6

9 7 1 6 3 8 7 9 4 3 1 7 1 1 9 6 8 7 3 4 8 4 6

8 8 7 3 8 1 8 6 6 5 6 7 5 1 2 7 9 2 9 8 5 7 5

0 1 6 3 6 3 4 1 1 3 1 4 6 2 7 5 3 0 4 9 9 0 1

9 1 3 5 6 4 6 8 2 3 8 0 4 3 2 9 9 7 0 6 9 5 7

7 0 1 5 0 7 8 9 3 3 7 7 2 8 6 5 8 0 3 5 7 1 2

7 9 0 9 1 3 7 6 7 4 2 0 8 0 5 6 5 5 4 9 3 6 2
5 4 1 ...